RC-Hubschrauber – richtig abgestimmt fliegen
Dave Day

RC-Hubschrauber richtig abgestimmt fliegen

Dave Day

6. Auflage

Verlag für Technik und Handwerk
Baden-Baden

Fachwissen Modellbau
Best.-Nr.: 313 0004
Redaktion: Mario Bicher

Die Deutsche Bibliothek – CIP-Einheitsaufnahme

Day, Dave:
RC-Hubschrauber : richtig abgestimmt fliegen / Dave Day.
[Aus dem Engl. übers. von Werner Groth]. - 6. Aufl. - Baden-Baden :
Verl. für Technik und Handwerk, 2003.
   (Fachwissen Modellbau; 4)
   Einheitssacht.: Setting up radio control helicopters <dt.>
   ISBN 3-88180-404-8

NE: GT

ISBN 3-88180-404-8

© 6. Auflage 2003 by Verlag für Technik und Handwerk GmbH,
Postfach 2274, 76492 Baden-Baden

© 1989 by Argus Books Ltd., London
Aus dem Englischen übersetzt von Werner Groth

Printed in Germany
Druck: WAZ-Druck, Duisburg

Inhalt

Kapitel 1
Einführung

Im gesamten Bereich des Fernlenk-Hobbys entwickeln sich funkferngesteuerte Hubschrauber derzeit am raschesten. Man weiß nicht, wie lange das so weitergehen wird. Es ist aber sicher, daß dieses Gebiet immer komplexer wird und für den Anfänger immer verwirrender.

Es gibt zahlreiche Fachgeschäfte, einige davon mit besonderer Treue zu einem oder mehreren Herstellern. Sie bieten einen Kundendienst vom einfachen Einstellen des Modells über das fertig gebaute Modell bis zum Einfliegen. Wenn Sie Ihr Modell dort kaufen, so erfolgt die Einstellung gewöhnlich kostenlos (manche bestehen sogar darauf). Viele bieten auch eine kostenlose Einweisung.

Das ist alles gut und schön, wenn ein solches Geschäft in erreichbarer Nähe liegt. Was aber wird aus denen, die abgelegen wohnen? Abgesehen von den Schwierigkeiten, die beim Versuch auftreten können, das Modell sauber einzustellen, ohne auf erfahrene Hilfe zurückgreifen zu können und womöglich ohne eigene Modellflugerfahrung, so wird es noch schwieriger, wenn man versucht, das Biest zu fliegen.

In den vergangenen Jahren ist der Modellhubschrauber erheblich verbessert worden. Er ist aber auch für den erfahrensten Modellflieger außergewöhnlich schwer zu beherrschen, wenn er schlecht eingestellt ist. Wer sich einmal eine Zeitlang ohne Hilfe abgemüht hat, ist sicher überrascht darüber, wie wertvoll ein kleiner Hinweis aus erfahrenem Munde sein kann.

Wir wollen mit diesem Buch denen helfen, die es alleine versuchen müssen und hoffen, daß so einige Fallstricke vermieden werden können oder weniger werden.

Vermutlich besitzt der Leser bereits einen Hubschrauber mit Motor, Fernsteueranlage und dem notwendigen Zubehör. Falls dazu Rat gefragt ist, so wird auf das früher erschienene Werk des Autors hingewiesen: »Das Fliegen von Modellhubschraubern«. (Flying Model Helicopters, Argus Books, London.) Es behandelt die verschiedenen Bauarten und Fernlenkanlagen sowie Auswahl, Kauf und das Fliegen dieser Modelle.

Kapitel 2
Einbau und Gestänge

Es ist schon erstaunlich, welche Mißhandlung eine moderne Fernsteueranlage verträgt. Man kann alle Anleitungen, ob sie im Buch stehen oder nicht, mißachten und stellt fest, daß sie trotzdem einwandfrei arbeitet – für eine gewisse Zeit. Bald aber wird sich der Unterschied zeigen: Geringere Reichweite, größere Störanfälligkeit und drastisch verringerte Lebensdauer.

Einbau der Servos

Servos können im Modell auf vielfältige Art befestigt werden. Beim Hubschrauber ist aber die einzige wirklich zufriedenstellende Art die mit paßgenauen Schrauben und Hohlnieten in Gummitüllen (Abb. 2.1). Die meisten Hersteller liefern die Hohlnieten in passender Größe als Zubehör und gewöhnlich auch die Befestigungsschrauben. Diese Schrauben sind aber normalerweise zum Eindrehen in eine Holzleiste, wie gewöhnlich beim Flächenmodell. Für die Mehrzahl der Hubschrauber sind sie nicht geeignet.

Die Servohalter in Hubschraubern bestehen gewöhnlich aus dünnem Sperrholz oder aus Metall, und lange Holzschrauben eignen sich dann nicht. Hier heißt die Lösung Gewindeschrauben in passender Abmessung mit Unterlegscheiben und Muttern (Abb. 2.2). Die Muttern sollten entweder Stop-Muttern sein oder mit einem chemischen Mittel gesichert werden.

Gut passende Hohlnieten gewährleisten, daß die Gummitüllen nicht zu sehr zusammengepreßt werden und dann kaum die Schwingungen dämpfen können. Wie stark man die Muttern anzieht ist für den Erfolg entscheidend, und es ist wichtig, daß sich das Servo noch etwas

bewegen kann. Freilich darf dieses Spiel nicht so groß sein, daß das Steuern des Modells darunter leidet. Ohne Spiel gibt es aber keine Dämpfung der Vibration.

Versuchen Sie nicht, die Hohlnieten wegzulassen und nur die Gummitüllen zu verwenden. Dies führt zu unsachgemäßem Anziehen der Schrauben (gewöhnlich zu stark) und zu übermäßiger Abnutzung der Gummitüllen, die

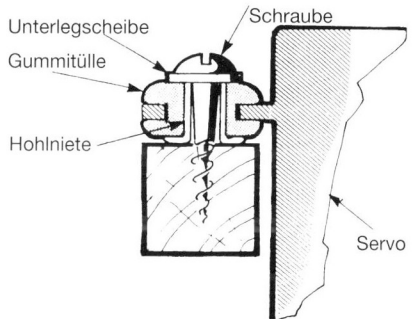

Abb. 2.1: Richtige Befestigung des Servos mit Gummitülle und Hohlniete

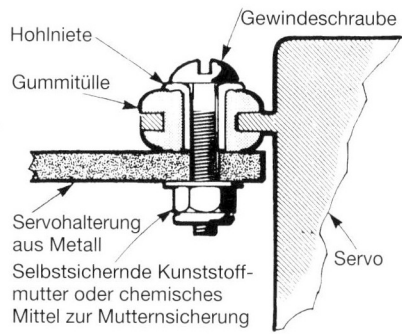

Abb. 2.2: Nötigenfalls Gewindeschrauben verwenden

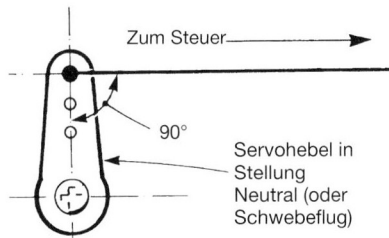

Abb. 2.3: Gestänge muß im Winkel von 90° vom Servohebel oder der -scheibe wegführen

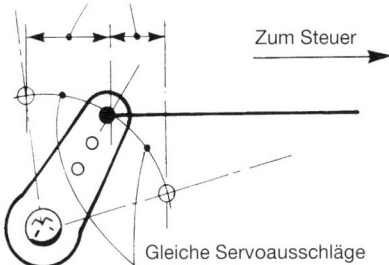

Abb. 2.4: Führen die Gestänge nicht im Winkel von 90° weg, entsteht ein differenzierter Ausschlag

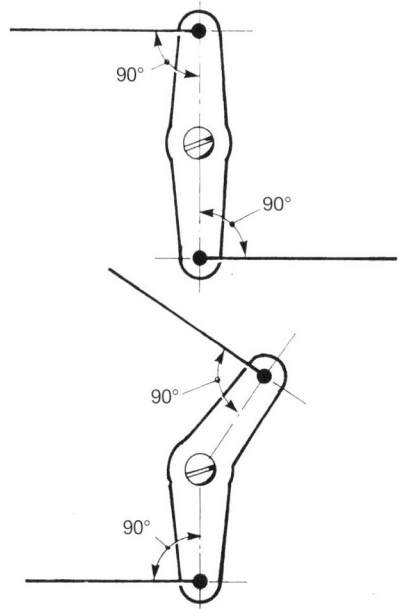

Abb. 2.5: Gestänge an Umlenkhebeln müssen im Winkel von 90° wegführen

womöglich unbemerkt bleibt, bis die Tüllen fast vollständig zerstört sind.

Im Idealfall bewegt sich das Servo unter dem normalen Druck des Rudergestänges nicht. Es sollte aber nachgeben können, wenn ein Gestänge über den Anschlag hinaus bewegt wird. Dies verringert auch die Möglichkeit, daß ein fehlerhaftes Gestänge ein Servo blockiert und es dann übermäßig viel Strom verbraucht.

Lineare Anlenkung

Beim Einbau der Fernsteueranlage in ein Flugmodell wird oft nicht beachtet, daß der Ausschlag in beide Richtungen gleichgroß sein soll. Dies gilt nicht nur für den Ausschlag des Servohebels, sondern auch für den tatsächlichen Weg des daran eingehängten Gestänges. Steht das Servo auf der Mitte (oder auf Neutralstellung), so sollte das Gestänge vom Steuerhebel oder der Steuerscheibe in einem Winkel von 90 Grad wegführen (Abb. 2.3). Anderenfalls erfolgt die Anlenkung nicht genau linear (Abb. 2.4).

Gleiches gilt für alle anderen Verbindungen zwischen dem Servohebel und dem zu bewegenden Ruder (Abb. 2.5). Bei einem Hubschrauber trifft dies häufig zu, wenn beispielsweise die Gestänge zur Taumelscheibe über 90-Grad-Winkelhebel geführt werden (Abb. 2.6) oder beim Steuergestänge des Heckrotors (Abb. 2.7). Beim Servo für die Pitchverstellung soll dieses und alle dazugehörenden Gestänge in der Mitte des Ausschlags stehen, wenn Schwebeflug-Pitch richtig eingestellt ist.

Oft muß man einem Gestänge etwas differenzierten Ausschlag geben, insbesondere bei billigeren und einfacheren Anlagen. Dies sollte aber erst dann geschehen, wenn zunächst einmal alles wie zuvor beschrieben eingestellt worden ist. Nur so ist eine genaue Überprüfung möglich und gewährleistet den Einbau genau wieder so vornehmen zu können, wenn eine Reparatur notwendig war oder wenn ein Austausch des Geräts erfolgte usw.

Eine Besprechung der linearen Anlenkung wäre unvollständig ohne den Hinweis auf die sogenannte »exponentielle« Funktion mancher moderner Geräte. Sie bewirkt beim Weiterführen des Steuerknüppels einen ständig größer werdenden Ruderausschlag.

Eine Abart davon ist die geknickte Steuer-kennlinie, wodurch bei einer bestimmten Knüp-pelstellung mehr Steuerausschlag erfolgt (eine Art automatischer Wegeschalter).

Es gibt verschiedene Möglichkeiten der Einstellung. Alle sind schwierig in verständli-chen Worten zu erklären. Wenige erfahrene Modellflieger scheinen diese Funktion zu ver-wenden, die meisten lehnen sie grundsätzlich ab.

Justierungen

Änderungen des Ausschlags und die Lineari-tät einer bestimmten Steuerfunktion können auf vielerlei Art erfolgen. Die Vergrößerung eines Ausschlags kann mechanisch erreicht werden, indem man die Länge des Servohebels vergrö-ßert oder die das Ruderhorns *verringert* (Abb. 2.8).

Ein kleiner Ruderausschlag wird durch Kür-zung des Servohebels erreicht oder durch *Ver-längerung* des Ruderhorns (Abb. 2.9).

Falls Sie eine moderne Fernsteueranlage besitzen, so besteht gewöhnlich die Möglich-keit, die Größe des Ausschlags elektronisch zu verändern. Bei aufwendigeren Anlagen ist es möglich, verschiedene Ruderwege in jede Rich-tung zu programmieren und die Neutralstellung zu bestimmen. Dies darf aber nicht dazu verlei-ten, daß man die Fernsteuerung einfach einbaut und dann die Möglichkeit der Justierung dazu benutzt, Mängel auszugleichen. Das Ergebnis wären variable Ruderwege im gesamten Aus-schlagsbereich, die es fast unmöglich machen, das Modell gleichmäßig zu steuern.

Wo es notwendig ist, für eine bestimmte Ansteuerung auf differenzierte Ausschläge zurückzugreifen, kann dies durch Verlegung der Neutralstellung des Servos oder am Ruder-horn erfolgen. Es ist nicht einfach, dafür feste Regeln aufzustellen. Manche haben das von Natur aus im Griff, für andere ist es schwierig. Abbildung 2.10 gibt einige Beispiele.

Steuerweg-Einstellung

Auch bei sehr einfachen Fernsteueranlagen ist es möglich, den Steuerweg der wichtigsten

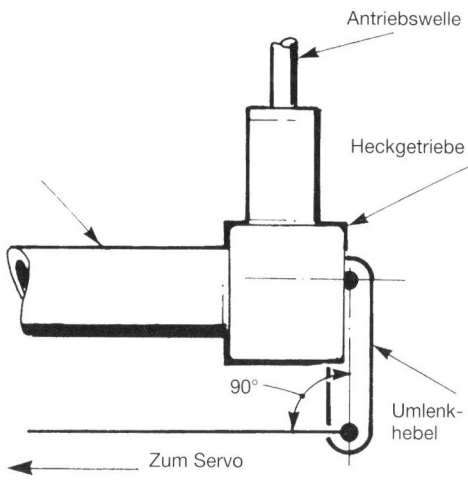

Abb. 2.6: Auch bei Umlenkhebeln führen die Gestänge im Winkel von 90° weg

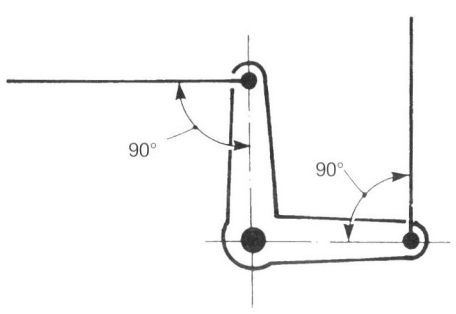

Abb. 2.7: Gestänge zum Heckrotor muß im Winkel von 90° angelenkt werden

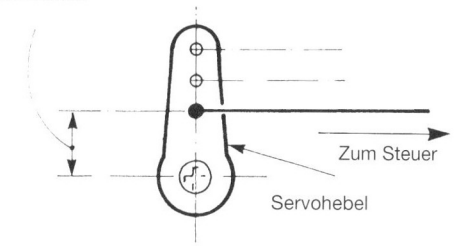

Abb. 2.8: Veränderung des Servohebels zur Veränderung des Ausschlags

9

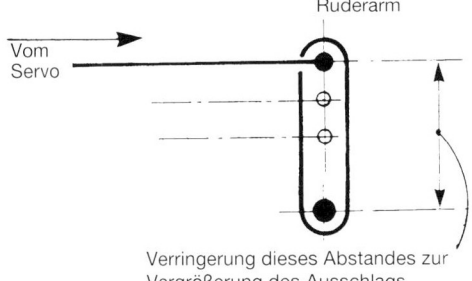

Verringerung dieses Abstandes zur Vergrößerung des Ausschlags

Abb. 2.9: Änderung der Länge des Ruderarms zur Veränderung des Ausschlags

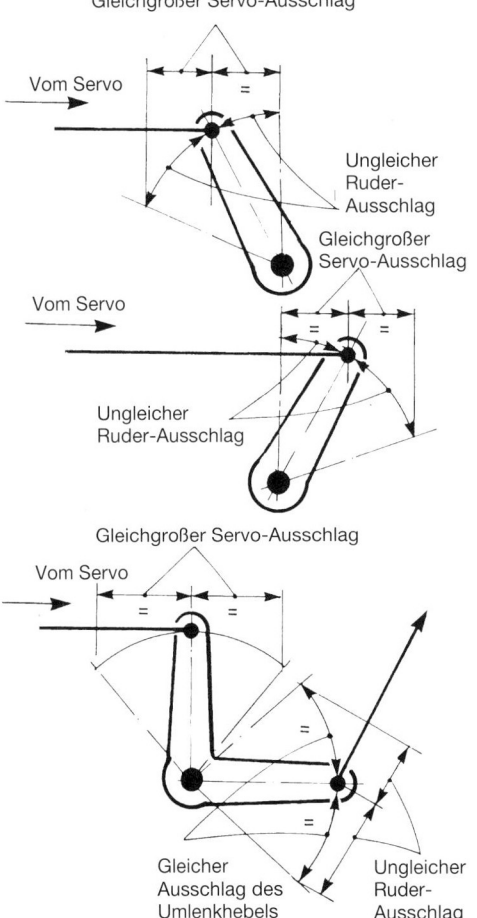

Abb. 2.10: Beispiele unterschiedlicher Ausschläge

Fernlenkkanäle zu verändern. Man macht das durch einen Schalter, der »viel« oder »wenig« wählt. Dies erfolgt weitgehend nach dem persönlichen Geschmack. Viele erfahrene Modellflieger schenken dieser Möglichkeit keine Beachtung und stellen den Schalter so ein, daß der Ausschlag nach beiden Seiten gleichgroß ist. Somit besteht keine Gefahr einer verkehrten Schalterstellung, die möglicherweise verheerende Folgen hätte.

Solche Wegeinstellung findet man gewöhnlich bei der zyklischen Steuerung (Querruder und Höhenruder) und manchmal beim Seitenruder, mit jeweils einem eigenen Schalter. Manchmal ist es möglich, die Steuerwegeinstellung von Querruder und Höhenruder auf einen Schalter zu legen. Ein willkommener Trend einiger Computer-Fernsteueranlagen ist es, eine Anzahl von Schaltern vorzusehen und den Modellflieger entscheiden zu lassen, wie er sie verwenden möchte.

Empfangsantennen

Hierbei *kann* man alles falsch machen und trotzdem zu annehmbaren Ergebnissen kommen. Beginnen wir mit einigen Grundregeln:
1) Die Antenne sollte so gerade wie möglich verlegt und *niemals* unmittelbar daneben wieder zurückgeführt werden.
2) Sie sollte so weit wie möglich von anderen Kabeln entfernt sein und nicht mit ihnen verdrillt werden.
3) Sie muß so weit als möglich von Servos und Kreiseln ferngehalten werden.
4) Wenn das Flugmodell einen Heckrotor-Antrieb hat, bei dem der Draht in einem Metallrohr läuft, muß die Antenne so weit als möglich davon entfernt verlegt werden und darf nicht parallel dazu verlaufen.
5) Die oft gesehene Art, die Antenne vom Modell gerade herunterhängen zu lassen, ist sehr gut, aber *nur* wenn man Schwebeflugfiguren recht bedächtig fliegt. Anderenfalls kann sich die Antenne im Rotorkopf verfangen.

Ja, das klingt so, als ob man sie nirgendwo sicher anbringen könne! Ein Kunststoffrohr, mit Kunststoff-Klebeband an der Kufe festgemacht, oder durch Kunststoff-Augbolzen ge-

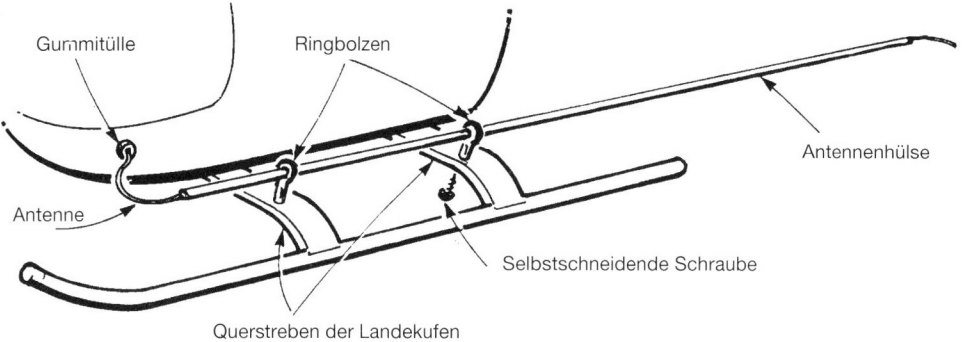

Gummitülle   Ringbolzen

Antennenhülse

Antenne

Selbstschneidende Schraube

Querstreben der Landekufen

Abb. 2.11: Befestigung der Antenne an den Landekufen

halten, sind eine recht ordentliche Lösung (Abb. 2.11). Die neue Generation der Hubschrauber aus Kunststoffen kommt uns dabei entgegen. Einige sollen jedoch »Funken« infolge statischer Entladung hervorbringen.

Hat das Modell einen vorbildgetreuen Rumpf, so ist es sinnvoll, die Antenne darin zu verlegen, wenn der Rumpf nicht aus Metall ist oder mit einer metallhaltigen Farbe gestrichen wurde. Ein Kunststoffrohr (Ummantelung eines Bowdenzugs) kann innerhalb des Modells schon beim Bauen angebracht werden. Ist die Antenne länger als das Modell, so darf das Antennenende hinten herunterhängen. Es muß aber gewährleistet sein, daß es sich nicht im Heckrotor verfangen kann.

Unter gar keinen Umständen darf man das heraushängende Ende durch Aufwickeln oder durch eine Schlinge in der Nähe des Empfängers »unterbringen«. Das ist sehr schlecht und verringert die Reichweite ganz erheblich. Es führt auch unausweichlich in die unmittelbare Nähe anderer Verkabelungen, wodurch die Reichweite weiter verringert wird.

Kapitel 3
Einstellung des Motors

Die Einstellung eines Hubschraubermotors gleicht sehr stark der eines Flächenmodells. Die Schwierigkeit besteht darin, daß man nur schwer an ihn herankommt, wenn er nicht gerade im Leerlauf dreht. Sobald er eingekuppelt ist und der Rotor sich dreht, kann man nur wenig tun, ohne ihn vorher abzustellen.

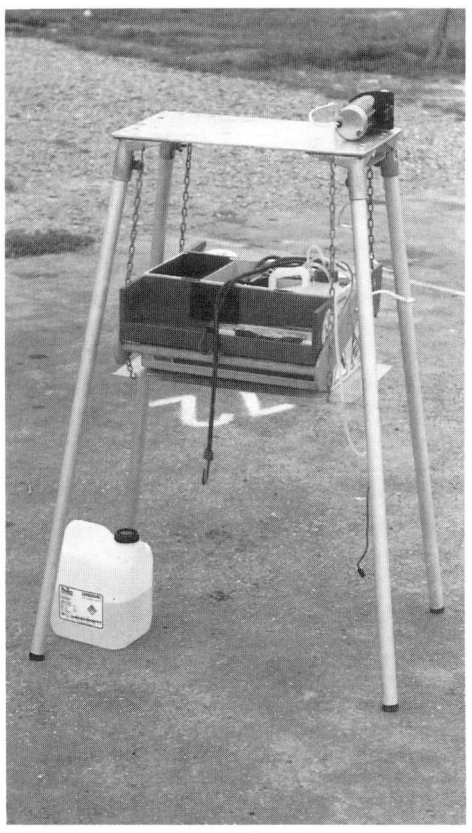

Abb. 3.1: Stand für Flugmodelle

Grundsätzliches

Wie bei allen anderen Motoren mit angebauter Drossel, muß man zunächst einmal die Hauptdüsennadel auf Vollgas stellen. Es gibt einige neue Motoren mit aufwendigen Vergasern, deren Anleitungen etwas anderes glauben machen möchten – es ist aber nicht so! Bevor die Vollgaseinstellung nicht stimmt, hat es keinen Zweck, sich mit anderem zu beschäftigen.

Nehmen wir einmal an, das Fabrikat X habe einen Vergaser, der angeblich eine völlig getrennte Halbgaseinstellung hat, die weder auf die Leerlaufeinstellung noch auf die Vollgaseinstellung einen Einfluß ausübt. Man stellt ihn so ein, daß er beim Schwebeflug sauber mit Halbgas dreht, ohne das Vollgas zu justieren. Er läuft dann viel zu mager. Wenn man nun versucht, die Drossel zu öffnen, um in den Steigflug zu gehen, so bleibt der Motor wahrscheinlich stehen – das Ende eines Hubschraubers ist gekommen!

Nun werden Sie fragen, *wie* man denn die Hauptdüsennadel für die Höchstleistung einstellt. *Bitte l*assen Sie sich nicht dazu bewegen, die Drossel zu öffnen, wie Sie es vielleicht in namhaften Büchern gelesen oder bei einigen Experten abgeschaut haben. Es ist einfach nicht fair zu erwarten, daß irgendwer hinterher den Bruch zusammenfegt!

In Europa und in den USA trifft man immer häufiger Stände an, auf denen das Modell genau zu diesem Zweck befestigt wird (Abb. 3.1). Bemerkenswert ist der Zubehörkasten mit allen erforderlichen Werkzeugen, der unten am Stand leicht zugänglich ist und auch zur Beschwerung dient. Im Idealfall befindet sich das Modell in bequemer Arbeitshöhe (Abb. 3.2).

Abb. 3.2: Sicher auf dem Stand befestigt ist das Modell zum Probelauf des Motors bereit.

Man muß darauf achten, daß bei Motorlauf mit Vollgas mit der zyklischen Steuerung sehr vorsichtig umzugehen ist. Auch wenn das Modell das Gewicht des Standes nicht heben kann, so kann es doch alles umkippen.

Im Vereinigten Königreich scheinen solche Stände noch nicht sehr gebräuchlich zu sein. Ich nehme aber an, daß sich dies ändern wird. Es ist aber auch möglich, den Motor (ohne Hubschrauber) mit einer größeren als normalen Luftschraube laufen zu lassen, um ihn so einzustellen.

Hat man einige Erfahrung mit Motoren ähnlicher Größe und Bauart, so weiß man, wie viele Umdrehungen die Hauptdüsennadel ungefähr zu öffnen hat. In diesem Fall kann man den Motor absichtlich fett einstellen und fliegen. Einige Versuche im Steigflug werden bald zeigen, woran man ist. Durch schrittweises Ausmagern findet man die richtige Einstellung. Hat man überhaupt keine Erfahrung mit Modellmotoren, so ist ein Prüfstand aber der einzige Weg, voranzukommen.

Ist die richtige Vollgaseinstellung gefunden, so geht man sofort an die Einstellung des Leerlaufs. Der richtige Weg dazu hängt vom dem einzelnen Motor ab. Deshalb ist die Betriebsanleitung sorgfältig zu lesen. Wenn der Motor nicht langsam laufen will, so ist er mit großer Wahrscheinlichkeit zu mager eingestellt (zuviel Luft – nicht genügend Kraftstoff). Wenn er eine Zeitlang stotternd läuft und dann stehenbleibt, ist er zu fett eingestellt (zu viel Kraftstoff – nicht genügend Luft).

Läuft der Motor im Leerlauf recht ordentlich und bleibt stehen, wenn man Gas gibt, so versucht man, die Drossel ruckartig zu schließen. Erholt er sich, ist er zu mager eingestellt. Bleibt er stehen, ist er zu fett eingestellt. Ein anderes Anzeichen für eine zu fette Einstellung ist, wenn er nicht ganz stehenbleibt, sondern stottert und stark qualmt.

Es ist aber wichtig, dies alles zu prüfen, bevor das Modell vom Boden abhebt. Wenn der Motor einmal grob eingestellt ist, muß man das Modell fliegen, um ihn in den Griff zu bekommen.

Vergaser mit Mehrfacheinstellung

Vergaser mit besonderer Einstellung für den mittleren Bereich werden wie bereits beschrieben behandelt. Versuchen Sie nicht, die mittlere Einstellung dem Modell im Schwebeflug anzupassen. Er muß so eingestellt sein, daß der Übergang vom Leerlauf zum Schwebeflug gelingt, nachdem man wie zuvor beschrieben vorgegangen ist.

Mit anderen Worten: Die richtige Reihenfolge ist zuerst die Vollgaseinstellung, dann die Leerlaufeinstellung und dann der mittlere Bereich. Wie so oft, gibt es auch hier mehr als einen Weg, um das optimale Ergebnis zu erreichen. Mit der beschriebenen Methode ist es am einfachsten, sich hineinzudenken und rascher zum Ziel zu kommen.

Drucksysteme

Der einzige Zweck eines Druckfördersystems ist, viel größere Venturis zuzulassen, als der Motor vertrüge, wenn er nach dem Saugprinzip arbeitete. Da dies aber bei Hubschraubern gewöhnlich nicht vorkommt (besondere Fälle ausgenommen, die uns aber hier nicht interessieren sollen), besteht keinerlei Notwendigkeit für irgendeine Art von Drucksystem. Es stellt lediglich eine weitere Fehlerquelle dar und führt letzten Endes zu Problemen.

Pumpen

Bei manchen Modellen kommt es vor, daß der Kraftstofftank erheblich tiefer liegt als der Vergaser des Motors. Dies kann zu Schwierigkeiten beim Ansaugen des Kraftstoffs führen, besonders beim Anlassen. Die einfachste Lösung ist eine Kraftstoffpumpe, entweder in den Motor integriert oder gesondert.

Es gibt viele Ausführungen. Falls ihre Verwendung notwendig erscheint und der ausgewählte Motor mit einer solchen Pumpe geliefert wird, empfiehlt es sich, zu dem für diesen Motor gefertigten Muster zu greifen.

Kraftstoffe

Früher, als alle Dieselmotoren einsetzten (jedenfalls in Europa), erfolgte die Schmierung meist durch Mineralöle. Als die Glühzündermotoren aufkamen stellte man fest, daß die meisten dieser Öle sich nur schwer mit Methanol mischen. So ging man zum Rizinusöl als Schmiermittel über. Dies hat zahlreiche Vorteile, auch seine Fähigkeit, ein Kühlmittel zu sein. In jüngerer Vergangenheit gibt es jedoch eine Tendenz, immer geringere Prozentsätze irgendeines Öls beizumischen, wodurch die geschätzte Eigenschaft des Rizinusöls weniger wirksam wird.

Synthetische Öle gibt es seit vielen Jahren. Aber erst seit Rizinusöl vor einigen Jahren sehr knapp wurde, werden sie regelmäßig in Modellkraftstoffen verwendet. Auch sie haben natürlich etwas Kühlwirkung, aber es gibt einen Unterschied. Während Rizinusöl hohen Temperaturen standhält, werden synthetische Öle möglicherweise zerstört und beginnen zu verbrennen. So wird die Kühlung verringert und gleichzeitig die Hitzeentwicklung vergrößert. Moderne synthetische Stoffe nähern sich dem Ideal Rizinusöl, aber die wirklich guten sind teuer und, was möglicherweise noch wichtiger ist, greifen alle Oberflächen des Modells an. Sie verursachen auch Korrosion innerhalb des Motors, wenn er nicht benutzt wird.

Wird ein Modellmotor ohne ausreichende Schmierung betrieben, so zeigt er dies deutlich. Nehmen wir an, man hat einen gut eingelaufenen Motor, dessen Eigenschaften und Düsennadeleinstellungen bekannt sind und man wechselt zu einem Kraftstoff mit schlechten Schmiereigenschaften. Beim Anlassen wird der Motor wahrscheinlich fetter als normal laufen und man muß die Haupt-Düsennadel weiter zudrehen. Erreicht man anscheinend die richtige Einstellung, so wird der Motor mager und man muß die Nadel wieder etwas öffnen. Dies hat kaum Wirkung, bis der Motor plötzlich fett läuft und die ganze Prozedur erneut beginnt. Der Grund für dieses Verhalten ist, daß Mischungsverhältnis und Motortemperatur bei kleinen Zweitaktmotoren voneinander abhängig sind. Wird das Gemisch magerer, steigt die Temperatur und das Gemisch wird dadurch noch magerer. Schließlich wird der Motor zu heiß und zu mager und das Anreichern des Gemischs zeigt nur wenig Wirkung, bis der Motor abkühlt, wodurch das Gemisch noch fetter wird, bis es plötzlich zu fett ist. Gleiches geschieht, wenn die Schmierung zwar ausreichend ist, die Kühlung aber nicht ausreicht. Wenn aber alles in Ordnung war bis der Kraftstoff gewechselt wurde, so ist der Schuldige gefunden.

Ist die Schmierung gerade noch ausreichend, so gibt es möglicherweise keine Schwierigkeiten, bis sich eine andere Bedingung ändert: Ein sehr heißer Tag oder zusätzliche Belastung, z. B. durch Veränderung des Verhältnisses Blatteinstellwinkel/Drossel bei einem Hubschrauber. Dies kommt aber auch vor, wenn der Ölanteil zu gering ist. Bei Rizinusöl ist die Auswirkung jedoch weniger deutlich, da es eher verzeiht.

Für den Leistungsbewußten gibt es beim Rizinusöl ein Problem, weil es sich nur schwer mit hohen Nitromethananteilen mischt. Die Grenze liegt etwa bei 40 bis 50 Prozent Nitro, wahrscheinlich also kein Problem für Hubschrauberpiloten. Vom Verfasser weiß man, daß er sich auch mit anderen Arten des Modellflugs befaßt und in den vergangenen 25 Jahren auf der Suche nach mehr Leistung alle verfügbaren synthetischen Öle erprobt hat. Die bis-herige Folgerung lautet: Es ist besser, Rizinusöl (mindestens 20 %) zu verwenden und die Einschränkung beim Nitroanteil zu akzeptieren.

Man könnte also annehmen, hier spräche ein Lieferant von Rizinusöl. Das stimmt aber nicht. Ich bin jedoch von seiner großen Überlegenheit *überzeugt*, wenn es auf die Zuverlässigkeit und *Verträglichkeit* ankommt, wie beim Fernlenk-Hubschrauber. Viele Spitzenpiloten kaufen übrigens handelsüblichen Kraftstoff mit synthetischem Öl und mischen etwa 5 % Rizinusöl bei. Ihr Standpunkt ist klar: Etwas Rizinusöl ist besser als keins.

Ein Rat zum Schluß: Filtern Sie den Kraftstoff beim Einfüllen in den Tank des Modells. Wenn Sie mögen auch mehrmals. Bauen Sie aber *niemals* einen Filter im Modell ein. Früher oder später würden Sie es bereuen.

Kapitel 4
Modelle mit
Permanentpitch

Es gibt Leute, die glauben machen wollen, Hubschrauber mit permanentem Pitch gehörten der Vergangenheit an und der kollektive Pitch habe sie verdrängt. Trotzdem sind aber, gerade als dies niedergeschrieben wird, einige neue Modelle mit konstantem Pitch auf den Markt gekommen. Ohne Zweifel hat diese Bauart denen viel zu bieten, die sich noch nicht völlig dem Hubschrauber verschrieben haben und auch andere Fernlenk-Flugmodelle fliegen möchten.

Grund-Steuerarten und Justierung

Bei einem Modell mit konstantem Pitch erfolgt die Steuerung der Flughöhe ausschließlich durch Betätigung der Motordrossel. Deshalb ist auch nur eine Fernsteueranlage wie für ein herkömmliches Flugmodell erforderlich. Dies allein verringert den Aufwand bereits erheblich und auch die erforderliche Fähigkeit, damit umgehen zu können.

Außerdem ist das Modell einfacher einzustellen, insbesondere für den Anfänger. Warum das soviel einfacher ist, ergibt sich aus der Tatsache, daß es nur vier Steuerfunktionen gibt und daß diese denen eines Flächenmodells sehr ähnlich sind. Der permanente Pitch am Rotor bedeutet den Wegfall des Problems der Abstimmung von Pitch und Motordrossel, der Hauptsache beim Einstellen eines Modells mit kollektivem Pitch. Unverkennbar ist ein solches Modell weniger beweglich und schwieriger genau zu steuern. Dies ist aber für den Anfänger eigentlich ohne Bedeutung, dem es eher darauf ankommt, die Grundlagen des Hubschrauberfliegens mit dem geringsten finanziellen Aufwand zu erlernen.

Die wichtigsten Steuerfunktionen sind:

Rollfunktion. Durch sie neigt sich das Modell nach links oder nach rechts, wie ein Flächenmodell durch das Querruder (Abb. 4.1).

Nickfunktion. Sie neigt das Modell nach vorn oder nach hinten (Abb. 4.2).

Pitch am Heckrotor. Sie dreht das Modell um seine Hochachse nach links oder rechts, ähnlich

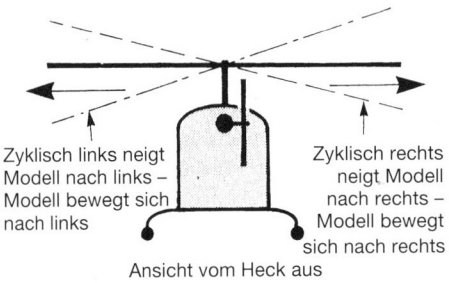

Zyklisch links neigt Modell nach links – Modell bewegt sich nach links

Zyklisch rechts neigt Modell nach rechts – Modell bewegt sich nach rechts

Ansicht vom Heck aus

Abb. 4.1: Wirkung der zyklischen Querrudersteuerung

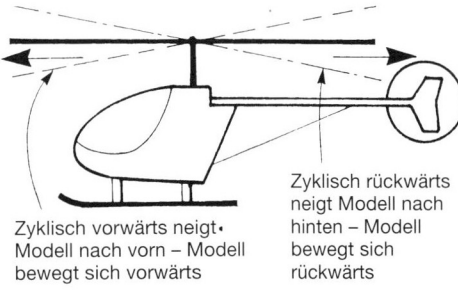

Zyklisch vorwärts neigt• Modell nach vorn – Modell bewegt sich vorwärts

Zyklisch rückwärts neigt Modell nach hinten – Modell bewegt sich rückwärts

Abb. 4.2: Wirkung der Steuerung der Nickbewegung

dem Seitenruder beim Flugzeug (Abb. 4.3).
Motordrossel. Sie verändert die Drehzahl des
Motors und läßt das Modell steigen oder fallen
(Abb. 4.4).

Die einzige echte Einstellung ist die des Pitch
der Blätter auf einen Wert, der nicht dazu führt,
daß der Motor bei Vollgas überlastet wird. Er ist
vom Hersteller vorgegeben und sollte auch stim-
men, vorausgesetzt, es wird ein Motor der
empfohlenen Größe verwendet.

Zu viel Pitch kann dazu führen, daß der
Motor möglicherweise die Rotorblätter nicht
mit ausreichender Geschwindigkeit drehen kann,
um das Modell vom Boden zu heben. Umgekehrt kann zu wenig Pitch dazu führen, daß die
Blätter sehr rasch drehen, aber das Modell nicht
abheben kann.

Es ist wichtig, daß der verwendete Motor
sehr gut auf die Drossel reagiert und ein gutes
Drehmoment im mittleren Drehbereich hat. Wird
die Drossel geöffnet, so muß der Motor das
gesamte System bis zur erforderlichen Drehzahl antreiben, ohne Entlastung durch verringerten Pitch. Bei geringeren und mittleren Drehzahlen tut sich der Motor sehr schwer.

Das Fliegen eines Modells mit permanentem
Pitch wird durch Verwendung eines Heckkreisels einfacher (siehe besonderes Kapitel). Er ist
aber nicht unbedingt erforderlich.

Die Hecktrimmung bei Modellen mit permanentem Pitch neigt in gewissem Maße zur Selbst-
korrektur. Beim Öffnen und Schließen der Drossel
ändert sich das Drehmoment und das Heck
bricht kräftig aus. Bei Erhöhung oder Verringerung der Drehzahl ändert sich auch die Geschwindigkeit des Heckrotors und er gleicht
selbständig aus.

Ist ein Kreisel vorhanden, so wirkt er dem an-
fänglichen Wegdrehen entgegen und kann zu
einer Überkorrektur führen, wenn sich die Drehzahl ändert. Dies führt zu einem Hin- und herpendeln des Rumpfendes, das nur schwer zu
beenden ist.

Ausgleichssysteme für das Heck nützen wenig,
wenn sie nicht besonders für Modelle mit Permanentpitch konstruiert und dann schwer zu
justieren sind. Gewöhnlich erfolgt durch sie
eine sofortige Korrektur am Rumpfende, die
dann allmählich durch eine Verzögerungsvorrichtung zurückgenommen wird. Dazu ist es
erforderlich, daß die Reaktion der Motordrossel, der Pitch der Rotorblätter, der Heck-Steuer-

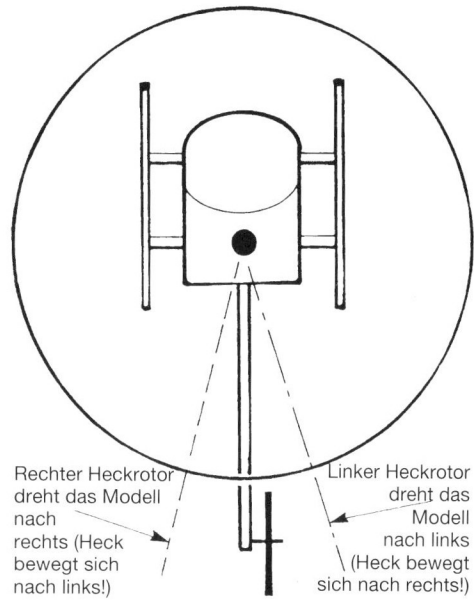

Rechter Heckrotor
dreht das Modell
nach
rechts (Heck
bewegt sich
nach links!)

Linker Heckrotor
dreht das
Modell
nach links
(Heck bewegt
sich nach rechts!)

Abb. 4.3: Wirkung der Heckrotor-Steuerung

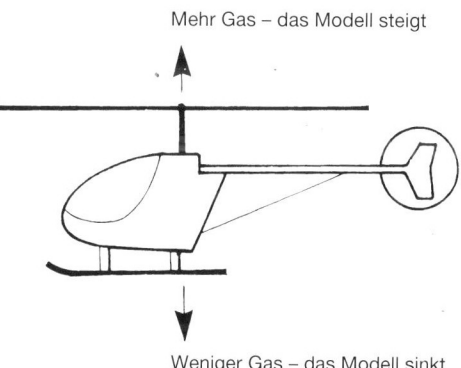

Mehr Gas – das Modell steigt

Weniger Gas – das Modell sinkt

*Abb. 4.4: Die Motordrossel steuert die Höhe
bei Modellen mit Permanentpitch*

ausschlag und die Verzögerungsvorrichtung
sauber aufeinander abgestimmt sind.

Die beste Philosophie ist, alles einfach zu
halten – der hauptsächliche Vorzug des Hubschraubers mit Permanentpitch –, aber wenn Sie
Geld ausgeben müssen, dann kaufen Sie ein
Modell mit kollektiver Blattwinkelsteuerung.

Kapitel 5
Hubschrauber mit
kollektivem Pitch

Es ist schwieriger, Hubschrauber mit kollektivem Pitch genau einzustellen, als solche mit permanentem Pitch, und sie bieten den Piloten, die das Hubschrauberfliegen lernen wollen, wenig Vorteile. Wer die Grundlagen des Modellfliegens bereits beherrscht, für den gibt es weniger Beschränkungen und sie sind mit einer einwandfreien Funkfernsteuerung zu allen Flugfiguren fähig, die auch ein Flächenmodell ausführt.

Grund-Steuerarten

Die wichtigsten Steuerfunktionen eines Modellhubschraubers mit kollektivem Pitch gleichen denen eines Modells mit Permanentpitch, nur daß die Motordrossel ausschließlich die Motordrehzahl steuert. Die Höhensteuerung erfolgt durch Veränderung des Pitch der Hauptrotorblätter. Dies kann einfach durch ein besonderes Gestänge vom Drosselservo erfolgen oder durch ein besonderes Servo, das vom Drosselkanal angesteuert wird. Mehr darüber im nächsten Kapitel.

Sicher gibt es bei diesem System Einschränkungen, es ist aber während der Trainingsphase völlig ausreichend. Erst wenn man die Kunst des Modell-Hubschrauberfliegens beherrscht, werfen diese Einschränkungen Probleme auf. Es gestattet aber preiswerten Einstieg in das Hubschrauberfliegen durch die Verwendung einer Funkfernsteueranlage für ganz normale Flugmodelle.

Spitzenanlagen

Um die Vorteile des Modells mit kollektivem Pitch voll zu nutzen, ist eine besondere Funkfernsteuerung erforderlich, die eigens für solche Modelle bestimmt ist.

Sie hat folgende getrennte Steuerfunktionen:

Rollfunktion.
Sie gleicht der der Querruderfunktion beim Flugzeug und neigt das Modell nach links oder rechts, wodurch es nach links oder rechts fliegt.

Nickfunktion.
Sie senkt die Rumpfspitze oder das Rumpfheck und läßt das Modell in die gewünschte Richtung fliegen. Sie gleicht nicht der Wirkung eines Höhenruders beim Flugzeug.

Heckrotor-Pitch.
Er bewirkt ein Drehen des Modells nach links oder nach rechts, wie das Seitenruder eines Flugzeuges.

Motordrossel.
Sie steuert die Drehzahl des Motors.

Pitch.
Die Veränderung des Pitch (Blatteinstellwinkels) der Hauptrotorblätter läßt das Modell steigen oder sinken.

Zusätzliche Steuerkanäle.
Sie werden zur Steuerung verschiedener Funktionen verwendet, z. B. Wirkung des Heckkreisels (siehe besonderes Kapitel).

Drossel-Autorotationsschalter
Er arretiert die Drossel in einer vorbestimmten Stellung, ohne dabei die Pitchstellung zu behindern (siehe besonderes Kapitel).

Idle-up-Schalter.
Er gestattet die Verringerung des Pitch, ohne daß die Drehzahl des Motors verringert wird (siehe besonderes Kapitel).

Die Steuerungen von Pitch und Drossel erfolgen durch den Drossel-Steuerknüppel, sind aber völlig voneinander getrennt. Einfache Systeme besitzen eine Drosseltrimmung, die den Pitch-Kanal nicht beeinflußt, und eine Pitch-trimmung, die den Drossel-Kanal nicht beeinflußt.

Spitzenanlagen haben verschiedene eigene Trimmungen für diese beiden Kanäle, bis hin zur Anpassung des gesamten Ausschlagbereichs.

Mischung Drossel/Heckrotor

Sogar einfachste Hubschrauber-Fernsteueranlagen bieten eine Möglichkeit, den Pitch des Heckrotors automatisch zu verändern, um ein Hin- und Herpendeln des Rumpfendes zu verhindern, wenn Drehzahl oder Pitch des Hauptrotors verändert werden.

Der Hauptzweck des Heckrotors ist, zu verhindern, daß der gesamte Hubschrauber sich entgegen der Drehrichtung des Hauptrotors dreht (Abb. 5.1). Es handelt sich dabei um einen feinfühligen Ausgleich und jede Änderung der Drehzahl oder der Blattbelastung (Anm.: Blattbelastung: Schub des Rotors dividiert durch die Gesamtfläche des Rotors) machen eine Änderung des Heckrotor-Pitch erforderlich. Um dies automatisch zu erreichen, wird ein Teil des Befehls in den Kanal für den Heckrotor eingespeist und ändert dadurch die Hecktrimmung. Dieser Ausgleich ist auf das jeweilig eingesetzte Modell einstellbar. Frühere Hubschrauber besaßen manchmal eine rein mechanische Lösung für dieses Problem. Ein Gestänge verband die Steuerung von Drossel und Heckrotor.

Moderne Systeme gestatten einen dosierten Ausgleich, wenn der Pitch höher als zum Schwebeflug (Steigen oder »up«) oder niedriger als die Schwebeflugeinstellung ist (Sinken oder »down«). In den meisten Fällen tritt der Wechsel an der Mittelstellung des Steuerknüppels für Pitch/Drossel ein. Bei einigen Anlagen kann dieser Punkt aber vom Modellflieger festgelegt werden. In diesem Fall wird das Modell in den Schwebeflug gebracht und dann ein »Schwebeflug-Memory«-Schalter betätigt. Dieser »erinnert« sich an die Knüppelstellung, bei der das Modell im Schwebeflug ist und wechselt dort von »up« zu »down«.

In der Praxis ist das Modell im Schwebeflug und steigt dann rasch, wobei das Heck beobachtet wird. Der Ausgleich »up« wird eingesetzt, um irgendein Pendeln des Hecks zu beenden. Umgekehrt, sinkt das Modell rasch zum Schwe-

beflug, verhindert die Betätigung von »down« jedes Pendeln. Die tatsächliche Richtung, in der ein Ausgleich anzuwenden ist, hängt von der Drehrichtung des Hauptrotors ab und ein Schalter am Sender läßt ihn in die richtige Richtung wirken. Einige Geräte haben eine besondere Funktion »Revolution Acceleration« (»Rev Acc«) genannt, welche die Größe der Kompensation nach einer einstellbaren Verzögerung verringert. Sie ist hauptsächlich für Modelle mit Permanentpitch gedacht. Sie kann aber auch von Nutzen sein, um irgendwelche Eigenheiten eines besonderen Modells auszugleichen.

Unter den Herstellern herrscht wenig Übereinstimmung, wie man dieses System bezeichnet. Manche verwenden nun die Abkürzung ATS (Automatic Tail Stabilisation – Automatische Heckstabilisierung), es gibt aber auch verschiedene andere Bezeichnungen. Der Grad des Ausgleichs wird häufig Drehmomentausgleich genannt oder »rev comp«.

Wird das Modell hauptsächlich für den Schwebeflug benutzt, so kann dieses System sehr nützlich sein und das Fliegen erleichtern. Wenn man aber zum Kunstflug kommt, so kann dieses

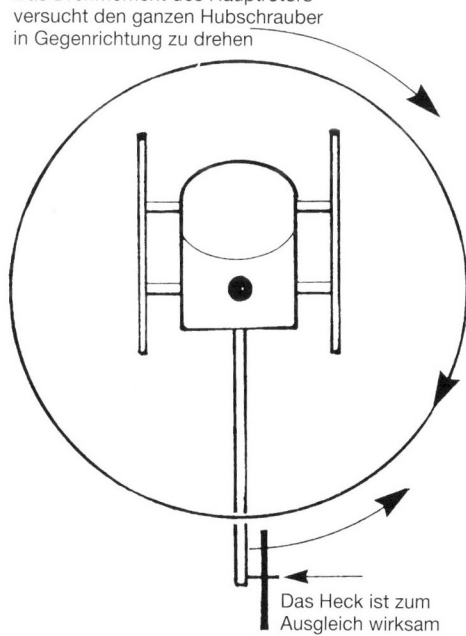

Das Drehmoment des Hauptrotors versucht den ganzen Hubschrauber in Gegenrichtung zu drehen

Das Heck ist zum Ausgleich wirksam

Abb. 5.1: Der Heckrotor gleicht das Drehmoment des Hauptrotors aus

System nicht gewünschte Wirkungen haben und viele Modellflieger schalten es ab. Viele moderne Geräte gestatten die Wahl von mehr als einem Pitchbereich und immer häufiger ist für jeden Bereich eine verschiedene ATS-Einstellung möglich. Dies kann zu einer Art von automatischer Schaltung benutzt werden, indem man einfach ATS auf null stellt in dem Bereich, der normalerweise für den Kunstflug benutzt wird.

Man beachte, daß, obwohl dieses System stets als Drossel-/Heckrotormischung bezeichnet wird, es tatsächlich der Pitchkanal ist, der mit dem Kanal für den Heckrotor gemischt wird. Dies gewährleistet auch eine angemessene automatische Korrektur des Ausgleichs, wenn der Pitchbereich geändert wird.

Andere Mischmöglichkeiten

Der typische Hubschrauber mit kollektiver Blattverstellung ist eine Anhäufung von Kompromissen und unterliegt der Einwirkung vieler Kreiselwirkungen und aerodynamischer Wechselwirkungen. Ein Steuerbefehl wird selten nur die gewünschte Wirkung und keine andere haben. Um das Fliegen zu erleichtern, haben viele der teueren Spitzenanlagen jetzt besondere Mischmöglichkeiten, damit man die meisten dieser Auswirkungen ausgleichen kann.

Früher war bei vielen Modellen drastisches Umtrimmen erforderlich, wenn man vom Schwebeflug in den schnellen waagerechten Flug überging. Manche der früheren Hubschrauber-Fernsteueranlagen hatten einen zweiten Trimmsatz, der zum Ausgleichen zugeschaltet werden konnte. Verbesserte Modelle haben dies überflüssig gemacht.

Es kommen immer mehr Modelle mit beweglichen Taumelscheiben auf den Markt, womit der kollektive Pitch der Hauptrotorblätter verändert werden kann. Obwohl dies auch mechanisch erfolgen kann, wird es am einfachsten durch besondere Mischanordnungen im Sender bewirkt. Das Thema wird nun immer schwieriger und wird in einem besonderen Kapitel behandelt.

Ein wesentlicher Teil der Motorleistung, manche Fachleute sprechen von nicht weniger als 30 Prozent, wird zum Drehen des Heckrotors benötigt und man bemerkt eine Änderung der Motordrehzahl, wenn der Pitch des Heckrotors verstellt wird. Bei manchen Modellen muß man sogar die Einstellung der Motordrossel ändern, um eine gleichbleibende Flughöhe einhalten zu können. Es werden jetzt Fernsteuerungen angeboten, die dafür einen automatischen Ausgleich ermöglichen (»Heckrotor-/Drosselmischung« oder »Ruder-/Drosselmischung«).

Bei manchen Modellen besteht eine Wechselwirkung zwischen Nickbewegung und Querruder, wodurch es beim Vorwärts- oder Rückwärtsflug zu unerwünschten Rollbewegungen des Modells kommt. Dies liegt an der falschen Phasenabstimmung im Taumelscheiben-System. Man kann dem durch Nachstellung abhelfen, wenn man die Funktion kennt. Auch hier gibt es Fernsteueranlagen, bei denen man dies vom Sender aus vornehmen kann. Der Einfachheit halber bedient man sich gewöhnlich der Bezeichnung wie beim Flächenflugzeug und nennt es »Höhenruder-Querruder-Mischung«.

Eine andere Besonderheit des Hubschraubers ist der Verlust von Auftrieb bei einem zyklischen Steuerbefehl und damit der Verlust von Höhe. Auch dies kann bei manchen Anlagen durch eine andere Art der Mischung korrigiert werden (»Taumelscheiben-/Drosselmischung«). Dies ist aber nur von echtem Nutzen, wenn das Modell auf einem FAI-Wettbewerb eingesetzt wird, bei dem in einigen Figuren eine sehr genaue Schwebeflughöhe gefordert wird. Wird das Modell rasch aus dem Schwebeflug gesteuert, so geht die Wirkung im Bodeneffekt unter.

Autorotationskupplungen

Die Beschreibung des Steuerns eines Hubschraubers mit kollektivem Pitch wäre unvollständig, ohne die Autorotationskupplung oder den Freilauf zu erwähnen. Die Bezeichnung Freilauf ist eigentlich richtiger, aber manchmal wird ein solcher durch eine Vorrichtung erzielt, die eine Art Kugellager ist und dazu geführt hat, daß man in diesem Zusammenhang von einer Kupplung spricht. Diese Vorrichtung gestattet dem Hauptrotor, sich frei zu drehen, wenn der Motor im Leerlauf dreht oder abgestellt ist. So wird Autorotation möglich, ohne daß der Hauptrotor durch den Widerstand des gesamten An-

Abb. 5.2: Ein erheblich modifizierter Graupner Helimax in einem Jetranger Rumpf.
Motor: OS 61 H. Gewicht 4,650 kg. Sehr gut kunstflugtauglich.

triebssystems und das Heckrotors abgebremst wird. Normalerweise ist sie im Getriebe untergebracht, das die Hauptwelle antreibt, es sind aber auch anderweitige Einbauten möglich.

Sie gestattet aber außerdem auch rasche Sinkflüge mit wenig Gas, ohne daß der Motor die Rotorblätter abbremst. Auch könnte der Widerstand des Motors unerwünschte Momente verursachen, die zu Schwierigkeiten bei der Steuerung des Kurses führen. In extremen Fällen könnte die Kontrolle über das Heck völlig verlorengehen.

Kapitel 6
Pitch und Motordrossel

Bei der richtigen Einstellung eines Hubschraubers mit kollektivem Pitch ist das Verhältnis von Drossel und Blattsteigung der wichtigste Punkt. Mögen auch alle anderen Steuerfunktionen völlig danebenliegen, so wird das Modell immer noch flugfähig sein.

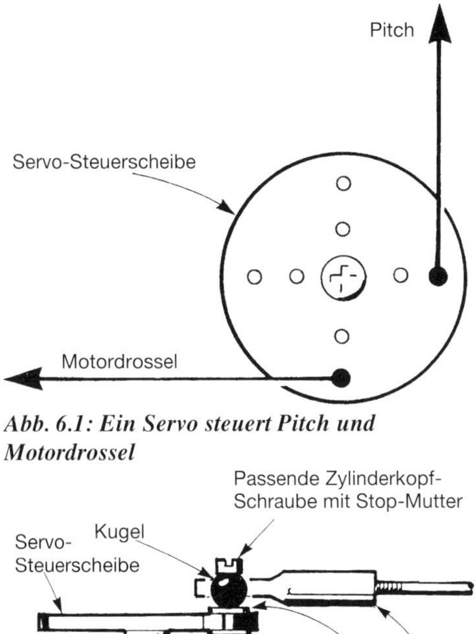

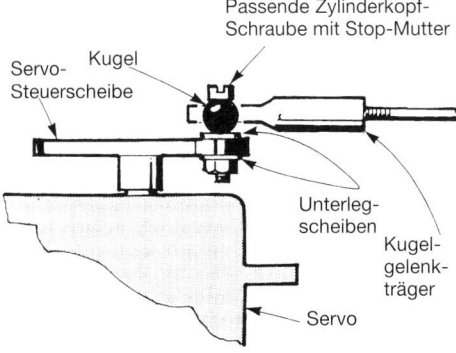

Abb. 6.1: Ein Servo steuert Pitch und Motordrossel

Abb. 6.2: Gestänge an der Servo-Steuerscheibe mit Kugelgelenkträger

Sind aber Drossel und Pitchkurven nicht abgestimmt, dann kommt das Modell möglicherweise nicht vom Boden weg oder es verläßt den Boden und ist dann überhaupt nicht steuerbar.

Abhängig von der vorhandenen Funkfernsteuerung gibt es grundsätzlich drei Wege, Pitch und Drossel zu kombinieren.

1) Ein Servo. Beide Funktionen werden durch ein Servo gesteuert (Abb. 6.1). Dabei können zahlreiche Kompromisse notwendig werden, abhängig davon, ob das Modell für ein solches System eigens vorgesehen ist. Allgemein befriedigt es aber nicht, beide Funktionen linear anzusteuern. Normalerweise ist es erforderlich, die Drossel eine Weile vor Einstellung des Pitch zu öffnen, wobei dann der Pitch gesteigert wird, wenn man sich dem Vollgas nähert.

Man kann dies durch Verstellung der Starteinstellung des Servos erreichen, wodurch sich eine gewisse Differenzierung der Wirkung ergibt. Am einfachsten ist es durch die Steuerscheibe (je größer, desto besser) am Servo zu erreichen und Kugelgelenken an allen Gestängen (Abb. 6.2). Die tatsächlichen Steuerwege können durch Umhängen der Anschlüsse zur Mitte der Steuerscheibe hin verringert werden, oder zum Rand hin vergrößert werden. Versuche und Irrtümer führen zur besten Lösung. Dabei können einige Steuerscheiben draufgehen.

Abbildung 6.3 zeigt eine typische Anordnung. Die Drossel wird zuerst rasch betätigt und dann immer langsamer, je mehr man sich dem Vollgas nähert. Der Pitch wird zunächst nur langsam verändert, aber beim Gasgeben steigert sich das.

2) **Zwei Servos mit einem Synchron-Verteilerkabel.** Jeder Steuerbefehl wird von einem besonderen Servo ausgeführt. Beide Servos werden aber durch einen einzigen Fernsteuerkanal über ein Synchron-Verteilerkabel vom Empfänger angesteuert (Abb. 6.4).

In der Praxis gleicht dies der Auslegung mit einem Servo, ist aber doch einfacher zu justieren, da jede Ansteuerung gesondert erfolgt. Man muß auch hierbei zu differenzierten Ausschlägen greifen, um die notwendige Wirkung zu erzielen und es geht wieder nicht ohne Versuche und Irrtümer.

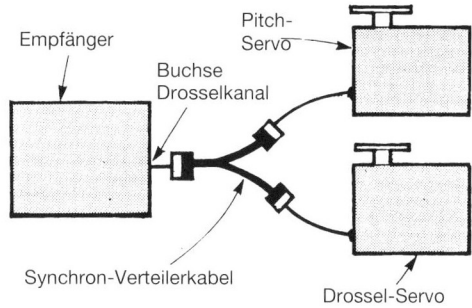

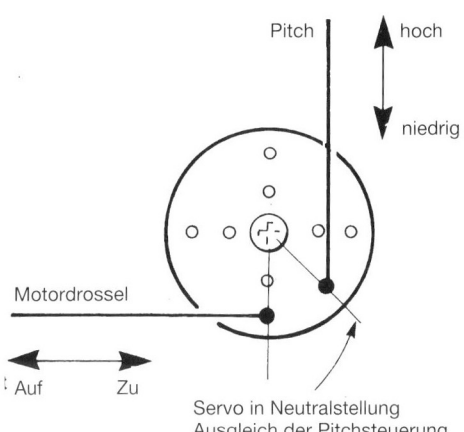

Abb. 6.3: Typischer Aufbau eines Ein-Servo-Systems

Abb. 6.4: Zwei Servos werden über ein Synchron-Verteilerkabel von einem Kanal gesteuert

Normalerweise wird man zu den Möglichkeiten 1) und 2) greifen, wenn eine herkömmliche Fernsteueranlage für Flächenmodelle benutzt wird, nicht aber eine Spezialanlage für Hubschrauber. Sie sind für Anfänger brauchbar, oder wenn das Geld knapp ist, schränken jedoch die mit dem Modell zu fliegenden Figuren ein. Gewöhnlich dauert es geraume Zeit, bis der Anfänger sich mit solchen Dingen befassen kann, und so sollte dieser Weg nicht unbeachtet bleiben.

Will man aber Kunstflug oder Schwebeflug machen, dann muß man Methode 3) anwenden.

Die folgenden Absätze geben eine Darstellung, wie man die beiden Fernsteuerkanäle am besten aufeinander abstimmt, wenn die Anlage Einzelabstimmung gestattet. Dies ist erforderlich, um das angewandte Prinzip zu verstehen. Zu einfacheren Lösungen kehren wir später zurück.

3) **Zwei Servos werden durch verschiedene Kanäle angesteuert.** Jeder Steuerbefehl wird über einen eigenen Kanal von einem besonderen Servo ausgeführt (Abb. 6.5), die erforderliche Kombination erledigt der Sender. Diese Methode bietet viele Vorteile. Es kann nicht nur jedes Gestänge einzeln eingestellt, sondern jeder Befehl kann vom Sender aus maßgeschneidert gegeben werden. Der einzige Haken dabei sind Aufwand – und der Preis – des Senders. Preiswertere Sender bieten nur eingeschränkte Möglichkeiten zur Einstellung und man muß nach der zuvor beschriebenen Methode vorgehen, mit Versuchen und Irrtümern. Es sind aber jetzt technisch vervollkommnete Sender auf dem Markt, die eine vollständige Justierung aller Kanäle gestatten.

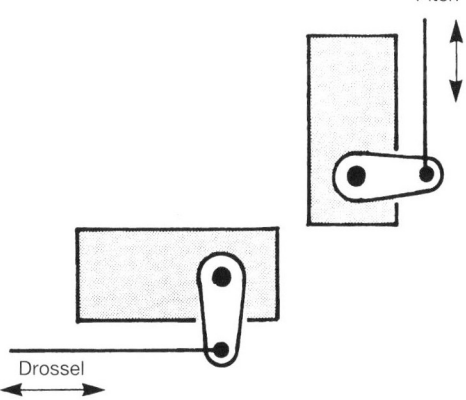

Abb. 6.5: Besondere Servos für Pitch und Drossel

Der Ausgleich

Haben Sie sich schon einmal gefragt, warum manche Modelle wie eine Rakete steigen, während andere, anscheinend gleiche Modelle, nur recht langsam steigen? Haben Sie auch bemerkt, daß einige der schnell steigenden Flugmodelle beim Schwebeflug nur recht langsam drehen? Bevor wir mit dem Fragen aufhören: Was ist mit dem Hubschrauber, der auf kollektive Steuerbefehle äußerst empfindlich reagiert, aber nur sehr langsam steigt?

Dies alles ist auf die Kombination der Drosselbetätigung und ihr Verhältnis zum Pitchbereich zurückzuführen.

Mehr Pitch zum Steigen aus dem Schwebeflug bringt nicht viel, wenn nicht entsprechend mehr Gas gegeben wird. Ein Modell, das beim Schwebeflug eher langsam dreht, wird wahrscheinlich viel mehr Kraft aufwenden, als benötigt wird, wenn die Drossel geöffnet wird und zu raschem Steigen führt.

Die Drehgeschwindigkeit des Rotors im Schwebeflug ist eine Funktion von Pitch und Drossel. Sie wird gewöhnlich so gewählt, daß das Modell im Schwebeflug ist, wenn der Steuerknüppel für die Drossel/kollektive Blattverstellung in der Mitte seines Ausschlags steht. Zu langsames Drehen (zuviel Pitch, nicht genug Gas) läßt das Modell bei der zyklischen Blattverstellung sich schütteln und bei der kollektiven Wirkung wird es schwerfällig. Hohe Drehgeschwindigkeit des Rotors hat gegenteilige Auswirkungen.

Besitzt der Sender mehr als eine Pitchkurve, so erreicht man einen sehr stabilen Schwebeflug durch hohe Drehzahl und Beschränkung des Pitchbereichs, damit die kollektive Wirkung weniger empfindlich wird.

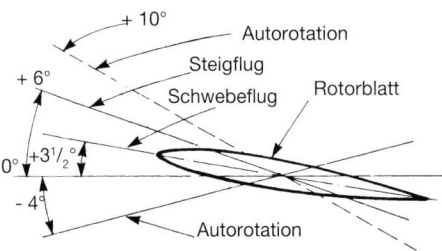

Abb. 6.6: Pitchbereich für normales Fliegen oder wenn nur ein Pitchbereich zur Verfügung steht

Bei hoher Rotordrehzahl besteht die Gefahr, daß bei der Erhöhung des Pitch, um aus dem Schwebeflug in den Steigflug zu kommen, nicht genügend Kraft vorhanden ist, der Rotor seine Drehung verlangsamt und das Modell schlecht steigt, trotz außergewöhnlich gut wirkender kollektiver Steuerung beim Schwebeflug. Im Extremfall kann das Modell bei geöffneter Drossel tatsächlich Höhe verlieren.

Die verschiedenen Anforderungen von Schwebeflug, Kunstflug und besonders der Autorotation machen es recht schwierig, das optimale Pitch/Drossel-Verhältnis zu finden. Der Unterschied im Pitchbereich von Schwebeflug bis zum Maximum und vom Schwebeflug bis zur Autorotation liegt wohl im Verhältnis von etwa drei zu eins beim Normalflug ($+6°$ - $+3,5°$ - $-4°$) und nochmals etwa $4°$ positiv, wenn der Drossel-/Autorotationsschalter betätigt wird (Abb. 6.6).

Oft ist die Schwebeflugeinstellung knapp, dann wird im oberen Bereich für einen vernünftigen Steigflug justiert, ohne daß der Motor in seiner Leistung nachläßt, und man stellt dann fest, daß nicht genug Negativeinstellung für einen Sinkflug in Autorotation zur Verfügung steht. Noch schlimmer ist es, wenn man eine gute Einstellung für die Autorotation gefunden hat und dann feststellt, daß für die Landung nicht mehr genügend Positiveinstellung vorhanden ist! Darauf gibt es nur eine Antwort: Gabelköpfe der Gestänge neu einstellen, damit mehr Ruderweg entsteht und alles nochmals von vorn beginnen.

Nach einigen solchen Erfahrungen beginnt man es zu begreifen. Stellen Sie Ihr neues Modell zunächst so ein, daß mechanisch wenigstens $+10°$ bis $-5°$ erreicht werden können. Versuchen Sie, daß alle Mischerhebel usw. beim Schwebeflug waagerecht stehen (sagen wir $+3,5°$ bis $+4°$) (Abb. 6.7). Dann stellen Sie die Endstellungen so, daß ungefähr $+6°$ bis $-4°$ erreicht werden und gehen fliegen. Haben Sie mehr als eine Pitchkurve zur Verfügung, so stellt man die anderen zu Beginn auf einen unteren Wert von etwa null Pitch.

Bevor man fortfährt ist es wichtig, eine Vorrichtung zu haben, mit der man den tatsächlichen Pitch der Rotorblätter des Modells messen kann. Es werden viele Arten von »Pitch-Lehren« angeboten und alle sind brauchbar. Es ist nicht der Zweck dieses Buches, Empfehlungen zu geben. Man kann auch seine eigene Lehre herstellen, aber solche vom Fachmann sind angeraten.

Training

Man kann es gar nicht oft genug betonen, daß die beste Trainingshilfe für den Anfänger die eines Erfahrenen ist. Viele müssen jedoch allein zurechtkommen. Zu diesem Zeitpunkt muß aber gesagt werden, daß es wichtiger ist, das tatsächliche Fliegen zu beherrschen, als das Modell eben mal so einzustellen. So ist dann ein richtig eingestelltes Modell viel einfacher zu fliegen und hierbei ist die Hilfe eines Erfahrenen so wertvoll.

Wer bereits gelernt hat, Flächenmodelle zu fliegen, hat sich gewöhnlich den Reflex angeeignet, die Drossel zu schließen, wenn etwas nicht in Ordnung ist. Gerade dies aber darf man beim Hubschrauber nicht! Die meisten Modelle haben einen vom Hersteller empfohlenen Pitchbereich, und dieser hat normalerweise seinen unteren Wert bei etwa - 2°. Einige Hersteller empfehlen zum Lernen einen anderen Pitchbereich; das ist jedoch selten.

Wenn nun unser Anfänger Schwierigkeiten hat und rasch die Drossel schließt, dann wird das Modell auf dem Erdboden aufschlagen und mit großer Wahrscheinlichkeit erheblichen Schaden nehmen. Sogar ein recht sanftes Aufsetzen durch einen Anfänger kann dazu führen, daß die Rotorblätter den hinteren Teil des Rumpfes berühren.

Unglücklicherweise gibt es nur einen Weg, einer solchen Situation zu begegnen: Ordentlich fliegen lernen! Bis dahin können wir uns allerdings helfen. Man stellt den Pitchbereich so ein, daß die Möglichkeit eines raschen Sinkens verringert wird. Es wird vorgeschlagen, den Pitchbereich so einzustellen, daß der Schwebeflug-Pitch (dabei ist der Drosselknüppel in Mittelstellung) + 5° beträgt, der obere Wert + 7° und der untere + 1° - + 2° (Abb. 6.8). Dies hilft auch denen, die eine Fernsteueranlage besitzen, die nicht besonders für Hubschrauber bestimmt ist, weil bei der Ansteuerung des Pitch nur geringe Differenzierung erforderlich ist. Dabei kann die Drossel so eingestellt werden, daß eine lineare Anlenkung möglich ist.

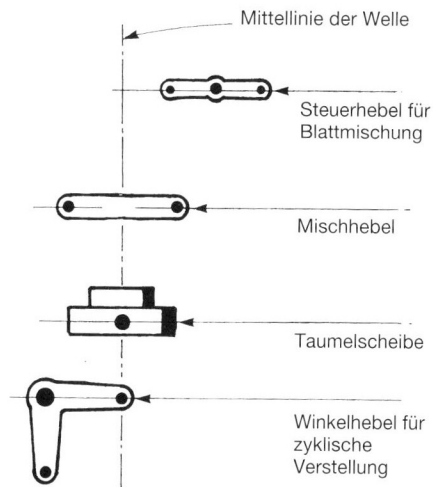

Abb. 6.7: Alle Anlenkungen stehen in der Stellung Schwebeflug waagerecht

Natürlich sind diese Angaben nur ungefähr und müssen Ihrem Modell angepaßt werden. Sie sind aber gar nicht so abwegig und werden es Ihnen ermöglichen, das Modell zu fliegen. Wenn man einmal fliegen gelernt hat, kann man sie seinem Geschmack anpassen. Bis dahin genügen sie zunächst einmal.

Lassen Sie sich nicht dazu verleiten, Hochgeschwindigkeitsflüge oder flotte Kurse mit einem so eingestellten Modell zu fliegen. Es wird sehr, sehr schwierig sein, das Modell in den Sinkflug zu bringen, außer im Schwebeflug.

Die zyklische Steuerung sollte möglichst auf die vom Hersteller empfohlenen Ruderwege eingestellt werden. Zu Beginn sind zu große Ausschläge zu vermeiden, denn sie bringen den Anfänger rasch in Schwierigkeiten, aber nicht wieder heraus. Zu wenig ist tatsächlich besser als zuviel. Auch hier hilft die Erfahrung mit

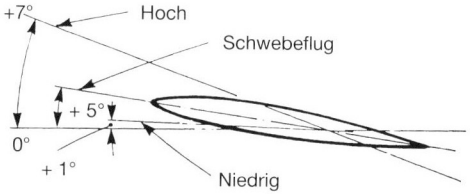

Abb. 6.8: Pitchbereich beim Training

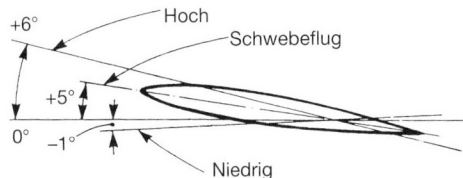

Abb. 6.9: Schwebeflug-Pitchbereich

Flächenflugzeugen nicht. Hubschrauber reagieren mit einer gewissen Verzögerung, wodurch ein sensibles Modell zur Geschmacksache wird.

Schwebeflug

Hat man das Fliegen gelernt, so kann die Schwebeflug-Einstellung etwas verändert werden, um mehr Kontrolle in der Senkrechten zu bekommen. Bei Fernsteuerungen, die nicht besonders für Hubschrauber konstruiert sind, oder einfacheren Hubschrauber-Anlagen mit nur einem Pitch-Bereich, sind gewisse Kompromisse erforderlich, weil das Modell nun mehr tun muß, als sich gerade so im Schwebeflug zu halten.

Im Idealfall soll die Schwebeflugeinstellung eine problemlose zyklische Steuerung ergeben, mit ausreichenden Reaktionen und einer etwas trägen Reaktion in der Senkrechten, damit das Modell ohne zu große Schwierigkeit auf gleichbleibender Höhe gehalten werden kann. Es wird zu geringem negativem Pitch geraten. Es sind aber Kompromisse angesagt, wenn die gleiche Einstellung zum Programmfliegen gedacht oder eine eher einfache Funkfernsteueranlage vorhanden ist. Die Drossel sollte so gesetzt werden, daß im gesamten Pitchbereich eine gleichbleibende Drehzahl besteht, um ein Umtrimmen auf ein Minimum zu beschränken. Dies erfordert gewöhnlich eine Möglichkeit, den Weg der Drossel einzustellen, oder Gasvorwahl. Darüber mehr in einem anderen Kapitel.

Stehen mehr als ein Pitchbereich zur Verfügung, so sollte man den Schwebeflug-Bereich auf etwa - 1° bis + 6° einstellen, mit etwa + 5° im Schwebeflug (Abb. 6.9). Achten Sie darauf, daß hier eine geringere positive Einstellung verwendet wird, um das Modell durch Verringerung der Steigrate weniger empfindlich zu machen. Der angeratene hohe Grad von Differenzierung (+ 1° und - 6° von der Schwebeflugeinstellung) kann nur mit einem Sender erreicht werden, bei

Abb. 6.10: Der Kalt Cyclone ist ein Modell, mit dem viele das Fliegen gelernt haben. Es hat einen 8,14-ccm-Motor. Das Gesamtgewicht beträgt ungefähr 4,200 kg. Hier mit anderer Kabinenhaube.

dem man die Begrenzung des Pitchbereichs verstellen kann und der über zwei oder mehr Pitchbereiche verfügt. Das ist aber nur gerechtfertigt, wenn man FAI-Wettbewerbe fliegen möchte.

Kunstflug

Wenn man sich ernsthaft dafür entscheidet, mit seinem Hubschrauber Kunstflug zu machen, dann ist ohne Zweifel eine besondere Funkfernsteuerung für Hubschrauber erforderlich, die zwei oder mehr Pitchbereiche hat. Gewiß ist es möglich, einfache Kunstflugfiguren ohne eine solche Anlage zu fliegen, aber ernsthafter Kunstflug setzt verschiedene Pitchbereiche voraus, um das Beste aus seinem Modell herauszuholen zu können.

Die Mittelstellung des Drossel-/Pitch-Steuerknüppels wird auf den bereits bekannten Punkt gebracht und weiterhin für den Schwebeflug benutzt. Man kann diese Stellung für besondere Erfordernisse des Kunstflugs verwenden und auf Normal stellen, wenn der Schwebeflug drankommt. Der Autor empfiehlt dies nicht, weil sich dabei zu leicht Fehler einschleichen können. Wer schon mehr Geschick hat, wird bestimmt eigene Folgerungen daraus ziehen!

Die meisten notwendigen Variationen betreffen die Einstellung des niedrigen Pitch. Wir wollen uns zunächst einmal mit dem oberen Bereich befassen. Die Drossel ist ganz geöffnet und bleibt die meiste Zeit in dieser Stellung. Es ist wichtig, das Gestänge so einzustellen, daß das Servo nicht blockiert oder versucht, die Drossel über die völlig geöffnete Stellung hinaus zu bewegen. Dies würde zu einer ernsthaften Belastung der Batterie führen.

Die Einstellung des hohen Pitch muß so sein, daß das Modell die gesamte verfügbare Leistung umsetzt und sollte der Höchstwert sein, der erreichbar ist, ohne daß der Motor an Leistung verliert oder überlastet wird. Man wird bestimmt bemerken, daß im Vorwärtsflug mehr Pitch möglich ist als im Steigflug. In diesem Fall soll man die Pitchstellung wählen, die der Motor im Vorwärtsflug verkraften kann und den geringen Leistungsverlust im Steigflug in Kauf nehmen. Dies gestattet eine hohe Anfangs-Steiggeschwindigkeit aus dem Schwebeflug und die Drossel kann dann zur Beibehaltung der Dreh-

zahl etwas geschlossen werden. Das geringfügige Schließen der Drossel hat wenig Auswirkung auf die Motorleistung, verringert aber den erforderlichen Pitch.

Die Größe des erforderlichen negativen Pitch hängt von der beabsichtigten Flugfigur ab und der Technik, mit der man sie fliegt. So wählen beispielsweise zahlreiche Piloten bis zu - 5° für rollende Figuren und fliegen die ganze Rolle mit einem Modell, dessen Rumpfspitze deutlich gesenkt ist (Abb. 6.11.).

Dadurch wird das Modell ständig mit gleichbleibender Geschwindigkeit nach vorne gezogen. Für den Autor ist dies kein sauberer Flugstil und er zieht Rollen ohne jeden negativen Pitch vor und verläßt sich auf den Vorwärtsschwung zur Ausführung der Rolle (Abb. 6.12).

Bei Flugfiguren mit senkrechtem Steigflug (hochgezogene Kehrtkurve usw.) ist es ratsam, den Pitch auf null zurückzunehmen, um einen verzogenen Steigflug durch ein seitwärts ziehendes Modell zu vermeiden (Abb. 6.13). Manche Modellflieger ahnen diesen Moment voraus und fliegen den gesamten Flugweg Pitch. Der Autor bevorzugt eine Stellung, bei der das vollständige Ziehen des Drosselknüppels genau Null-Pitch ergibt (die Drehzahl des Motors wird durch Gasvorwahl beibehalten), damit man nicht erst danach suchen muß. Diese Methode ist bei starkem Wind ungeeignet, weil dann etwas Pitch gegeben werden muß, um eine seitliche Abdrift des Modells durch den Wind zu verhindern (Abb. 6.14).

Zusammenfassend kann gesagt werden: Wenn man sich das Können angeeignet hat, sollte das Modell mit viel negativem Pitch eingestellt werden (sagen wir - 5°). Dabei wird die Drossel auf eine konstante Drehzahl gesetzt. Das Modell wird durch jede Flugfigur mit ständig angepaßter Stellung des Drosselknüppels geflogen. Wer noch nicht ausreichende Erfahrung besitzt, muß den für ihn besten Weg finden!

Autorotation

Die Anforderungen an diese Flugfigur - täuschen Sie sich nicht, es ist eine Kunstflugfigur - haben sich in jüngster Vergangenheit etwas geändert. Früher sollte das Modell sanft herabsinken, wobei der Drossel/Pitchknüppel voll gezogen war. Die Landung war dann eine Sache

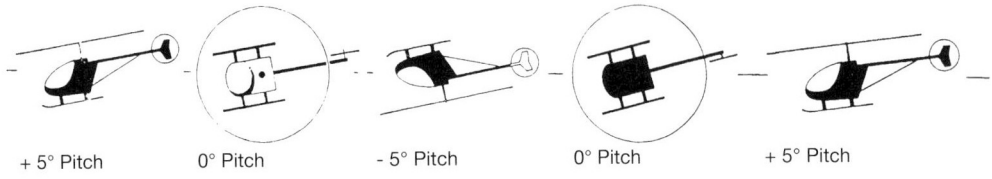

+ 5° Pitch   0° Pitch   - 5° Pitch   0° Pitch   + 5° Pitch

Abb. 6.11: Rolle, die Rumpfnase ständig nach unten

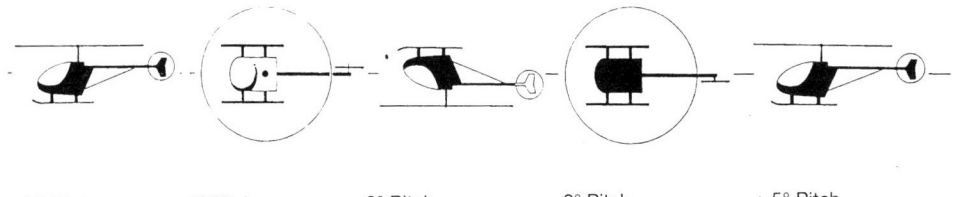

+ 5° Pitch   0° Pitch   0° Pitch   0° Pitch   + 5° Pitch

Abb. 6.12: Rolle mit Schwung nach vorne geflogen

des zeitgerechten Einsatzes des Pitch und vorsichtiger Korrektur der Lage des Modells. Dies bedeutete gewöhnlich einen niedrigen Pitch von etwa - 2,5°. Normalerweise verwendete man sehr schwere Rotorblätter zur Erhöhung der Trägheit beim so wichtigen Zeitpunkt der Landung.

Jetzt ist es üblich, viel mehr negativen Pitch zu verwenden (- 5° und mehr) und beim Sinken den Pitch ständig nachzustellen, um den Gleitwinkel zu steuern (Abb. 6.15). So ist es möglich, mit großer Geschwindigkeit zu sinken, ohne bei hoher Blattgeschwindigkeit unerwünschte Fahrt nach vorne aufzunehmen. Die Landung selbst ist dann weniger kritisch und erfordert kein übermäßiges Abfangen zur Wegnahme der Fahrt.

Viele Experten raten sogar dazu, den Pitch möglichst hoch zu wählen; + 10° - + 12° oder mehr werden genannt. Es ist unwahrscheinlich, daß solche Werte anwendbar sind, und der Autor

hat festgestellt, daß + 8° völlig ausreichend sind.

Bei der Autorotation wird der Motor entweder abgestellt, oder mit der Drosselvorwahl auf eine niedrige Drehzahl gebracht (darüber mehr in einem anderen Kapitel).

Viele moderne Hubschrauber-Fernsteueranlagen haben einen eigenen Pitchbereich für die Autorotation, wodurch die Einstellung einfach ist. Viele ältere Anlagen haben ein System, bei dem die Autorotation eine Spielart im Normalbereich ist. Sie wird durch verschiedene Trimmungen erreicht, machen es aber einem unvorsichtigen Piloten sehr schwer. Wer sich aber ernsthaft dem Modellhubschrauber verschrieben hat ist gut beraten, sich eine der modernen Anlagen zuzulegen. Ganz Ernsthafte erwägen eine Funkfernsteueranlage, bei der man die Werte für zwei oder mehr Modelle im Sender speichern kann.

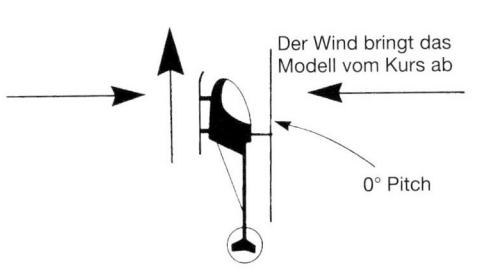

Abb. 6.13: Senkrechter Steigflug mit 0° Pitch

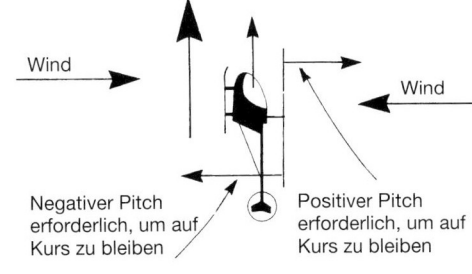

Abb. 6.14: Senkrechter Steigflug mit Windausgleich durch Pitch

28

Abb. 6.16: Eine andere Ansicht des abgeänderten Graupner Helimax. Beachtenswert der verdeckt eingebaute Auspuff-Schalldämpfer.

Kompromißbereitschaft

Es wurde bereits gesagt, daß Kunstflug oder Autorotation mit Fernsteueranlagen, die nicht besonders für Hubschrauber gedacht sind, nicht gut durchführbar sind. Bei einfacheren Hubschraubern wird ein Kompromiß erforderlich zwischen Schwebeflug, Kunstflug und Autorotation, besonders bei der Einstellung von kleinem Pitch. Aber erst wenn man in der Beherrschung des Fliegens weit fortgeschritten ist, wird die Notwendigkeit zum Kompromiß zum Problem. Man kann ein Modell so einstellen, daß es problemlos den Schwebeflug macht und mit hohen Geschwindigkeiten geflogen werden kann und auch rasch sinkt. Man wird aber bemerken, daß bei der Autorotation der erforderliche negative Pitch (- 2° - - 3° oder mehr) die senkrechte Kontrolle im Schwebeflug sehr ruckartig werden läßt.

Die neuesten Entwicklungen bei den Sendern machen die optimale Einstellung eher zu einer Routineangelegenheit, können einen aber auch durch »high-tech« blenden. Viele haben jetzt einen »Schwebeflug-Pitch«- und eine »Schwebeflug-Drossel«-Einstellung. Einige haben immer noch Pitchtrimmung, die lediglich den gesamten Pitchbereich im Verhältnis zur Drossel nach oben und unten verlegt. In wenigstens einem Fall gibt es auch eine Verstellung der Pitch-Begrenzungen, die *durch die Pitchtrimmung gestört werden!*

»Schwebeflug-Pitch«- und »Schwebeflug-Drossel«-Steuerung gestatten eine individuelle

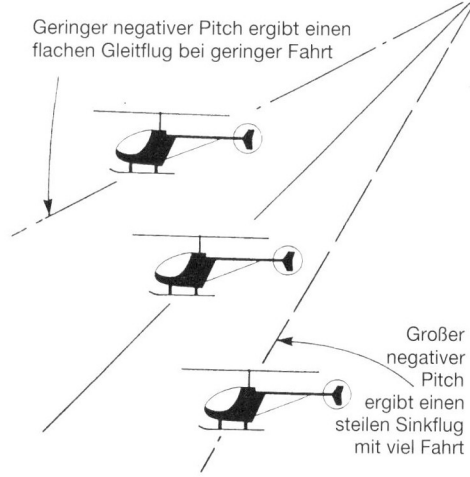

Geringer negativer Pitch ergibt einen flachen Gleitflug bei geringer Fahrt

Großer negativer Pitch ergibt einen steilen Sinkflug mit viel Fahrt

Abb. 6.15: Der Pitchwinkel steuert den Gleitwinkel bei Autorotation

Änderung der Pitch- und Drossel-Einstellung von der Mittelstellung ausgehend (d. h. im Schwebeflug), ohne daß die Einstellungen der Begrenzungen (viel und wenig Pitch oder offene und geschlossene Drossel) betroffen werden.

Viele Sender haben jetzt drei Pitch-Kurven mit den Bezeichnungen »normal«, »Gasvorwahl 1«, »Gasvorwahl 2«. »Normal« wird gewöhnlich für die vollen Ausschläge bei Pitch und Drossel gewählt und beim Anlassen des Motors und ganz normalem Fliegen. »Gasvorwahl 1« wird zum Schwebeflug mit eingeschränktem Pitchbereich und gleichbleibender Motordrehzahl betätigt. »Gasvorwahl 2« hingegen ergibt den für Kunstflug geeigneten Pitchbereich. Bei solchen Sendern gestattet der Drossel-Autorotationsschalter gewöhnlich Zugriff zu einem vierten Pitchbereich, der für die Autorotation eingestellt wird.

Manche Piloten bevorzugen die Möglichkeit der Gasvorwahl für einen raschen Sinkflug, ohne dabei die Motordrehzahl unter die Schwebeflugmarke zu senken. Dies ist aber nicht empfehlenswert, da es leicht zum Überdrehen des Motors führen kann und zu anderen Schwierigkeiten.

Es verbietet sich eigentlich von selbst, weil ein rascher Sinkflug einen starken negativen Pitch erfordert und, falls das Modell mit einem Autorotations-Freilauf ausgerüstet ist, die Drehzahl der Rotorblätter hoch bleibt. Die Motordrehzahl ist dann weitgehend unwichtig. Gibt es eine Heckrotormischung (siehe besonderes Kapitel), so wird diese mit der Situation nicht fertig, und das daraus entstehende Ungleichgewicht führt zu Schwierigkeiten beim Kurshalten.

Eine wesentlich bessere Lösung ist die Vorverlegung der Trimmung für niedrige Drehzahlen an der Drossel. Sie wirkt normalerweise zwischen mittlerer und niedriger Drosselstellung und bringt die gleiche Wirkung hervor, aber mit größerer Kontrolle der Motordrehzahl, beim Verringern des Pitch.

Kapitel 7
Drossel/Autorotation und Gasvorwahl

Diese beiden Funktionen sind die Grundlage jeder Funkfernsteueranlage für Hubschrauber. Sie gestatten die elektronische Trennung von Drossel- und Pitch-Steuerung, die beide auf dem gleichen Steuerknüppel liegen. In jedem Fall behält der Knüppel die volle Kontrolle über den Pitch-Kanal. Die Drosselfunktion ändert sich.

Drossel-/Autorotationsschalter

Zweck dieser Funktion ist es, die Drossel in einer vorbestimmten Stellung festzustellen, während der Pitchkanal noch völlig steuerbar bleibt. Normalerweise ist es möglich, die Drossel irgendwo zwischen Vollgas und Motorstillstand einzustellen. Man benötigt dies hauptsächlich für die Autorotation, entweder mit stehendem Motor, wie in Wettbewerben erforderlich, oder mit leerlaufendem Motor im Training.

Bis vor kurzem wurde die Feststellung durch ein verstellbares Potentiometer bewirkt, was aber recht problematisch werden konnte. Tatsächlich ist es wohl kaum notwendig, die Drossel auf hohe Leistung feststellen zu können. Es wäre für die Einstellung praktisch, nur wenig Spiel im unteren Drehzahlbereich zu haben. Dies würde die Einstellung weniger kritisch machen. Aber anscheinend hat kein Hersteller dies bisher bemerkt. Neuere Computeranlagen leiden nicht unter diesem Problem, weil die Einstellungsmethode vorprogrammiert wird und sehr genau eingegeben werden kann.

Manche Funkfernsteueranlagen haben eine Möglichkeit, die man »Automatische Drossel-Autorotations-Schaltung« nennen könnte. In diesem Fall hat die Betätigung des Schalters keine unmittelbare Auswirkung, wenn der Drosselknüppel nicht auf Leerlauf steht. Nur wenn der Knüppel ganz zurückgezogen wird, wirkt er. Der besondere Vorteil dabei ist, daß man die Hände nicht von den Knüppeln nehmen muß, wenn der Sinkflug begonnen hat. Während dies genaueres Steuern ermöglicht, gibt es aber eine Tendenz, die Rotorblatt-Drehzahl in dieser kritischen Phase zu verringern.

Autorotation

Zur Ausführung der Autorotation ist es erforderlich, daß die Einstellung einen zuverlässigen Leerlauf des Motors gewährleistet und dieser langsam genug ist, daß die Kupplung ausheben kann. Trennt die Kupplung nicht vollständig, so muß der Motor auf die geringste mögliche Drehzahl gebracht werden, mit der er zuverlässig arbeitet.

Eine Autorotation mit eingerückter oder schleifender Kupplung macht es bei leichtem Wind schwierig, das Modell kurz vor dem Aufsetzen auf Kurs zu halten. Das Modell wird versuchen, entgegen der Drehrichtung des Hauptrotors zu drehen, weil der Heckrotor immer noch wirksam ist.

Wenn man gerade erst begonnen hat Autorotation zu lernen, kann es nützlich sein, die Motordrehzahl so zu wählen, daß die Kupplung mit Sicherheit greift und die Rotoren noch etwas angetrieben werden. So kann die Landung weniger kritisch sein und man hat etwas Kontrolle über das Heck. Dies sollte man aber nicht zu viel nutzen, denn man erhält keinen genauen Hinweis über das Vorgehen bei einer Autorotations-Landung, wenn der Motor wirklich steht.

Manche Motoren lassen sich nur widerwillig rasch drosseln, wenn der Autorotations-Drosselschalter betätigt wird. Dann scheint die Einstellung einer niedrigeren Drosseldrehzahl die Lösung zu sein. Aber der Motor wird nach einigen Sekunden stehenbleiben. Die Ursache ist gewöhnlich ein zu heißgelaufener Motor oder eine etwas zu magere Einstellung. Es kann aber auch an einer schlechten Schmierung liegen.

Die Leerlaufdrehzahl des Motors hängt mehr von der Gemischeinstellung ab, als von der Öffnung der Drossel. Ist er mager, oder heiß, so kommt er viel schneller in den Leerlauf, als bei richtiger Temperatur oder richtigem Gemisch (beide sind voneinander abhängig – siehe besonderes Kapitel). Wenn er abkühlt, wird er langsamer. Deshalb der Übergang von zu hoher Drehzahl zum Stillstand.

Einen Grenzfall kann man gewöhnlich durch eine etwas fettere Einstellung des Leerlaufs bereinigen. Ernsthaftere Probleme erfordern den Wechsel zu einem anderen Kraftstoff oder Änderungen am Kühlsystem.

Anscheinend hat man sich nur wenig Mühe gemacht, den idealen Platz für den Drossel-/Rotationsschalter zu finden. Manche Hersteller wechseln sogar von Muster zu Muster. Wenn Sie etwas von Elektronik verstehen, können Sie ihn an einen Platz verlegen, wo er Ihnen besser paßt. In den meisten Fällen ist das aber eine Sache der Gewöhnung.

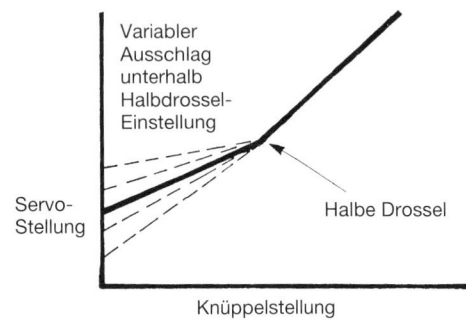

Abb. 7.2: Gasvorwahl mit verringerten Ausschlägen unterhalb der Stellung Halbgas

Gasvorwahl

Der Zweck dieser Vorrichtung ist, die Drosselsteuerung so zu verändern, daß der Pitch der Blätter bis auf null verringert werden kann oder auf einen negativen Winkel, ohne die Drossel ganz zu schließen. Mit anderen Worten: Die Motordrehzahl wird erhöht, wenn der Drosselknüppel in der Leerlaufstellung steht – deshalb Gasvorwahl.

Je nach Preis der Anlage, ihrer Beschaffenheit und der Vorliebe des Herstellers, gibt es mehrere Wege, dies zu erreichen:

● In der einfachsten Art bewegt sich die Drossel bis einer vorbestimmten Stellung und bleibt dort stehen. Dies ist selten geworden, hat aber gewisse Vorteile, da es der Durchschnittspilot besser versteht (Abb. 7.1)

● Die Drossel ist in der ersten Hälfte ihres Ausschlags nur verringert wirksam. Auch gut vorstellbar, kann aber zu Problemen führen, wegen der Änderung der Drosselwirkung ungefähr am Schwebeflugpunkt (Abb. 7.2).

● Ähnlich wie oben, aber der Punkt, an dem die Wirksamkeit sich ändert, kann eingestellt werden. Nun müssen zwei Funktionen justiert werden, nämlich der Punkt und der Wirkungsgrad. Vielleicht kann man sich nur schwer vorstellen, was hier vorgeht (Abb. 7.3).

● Totale Vorprogrammierung der Drosselkurve mit zahlreichen Punkten, die eingestellt werden können. So arbeiten die modernsten Computeranlagen, und das kann für einen wirklich erfahrenen Piloten nützlich sein.

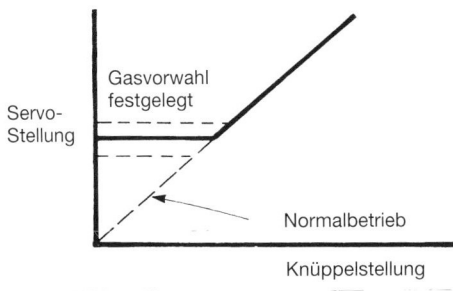

Abb. 7.1: Einfaches System der Gasvorwahl mit zuvor gewählter Drosselstellung

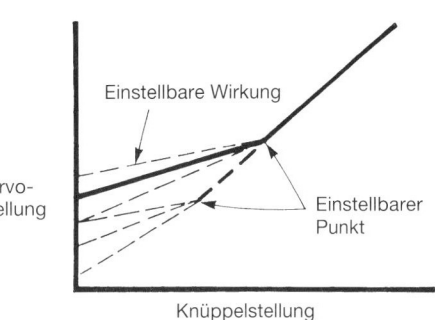

Abb. 7.3: Gasvorwahl mit einstellbarem Punkt und Wirkungsgrad

Die modernen Anlagen zeigen die Kurve auf einem Display, was alles viel einfacher macht. Es hat den Vorteil, daß die Kurve nicht progressiv sein muß, d. h. die Drossel kann geöffnet und dann wieder geschlossen werden durch das Weiterführen des Knüppels (Abb. 7.4).

Bei manchen Fernsteueranlagen kann die Steuerung der Drosseltrimmung einen Gasvorwahleffekt haben. Gewöhnlich ist sie nur am unteren Ende des Drosselweges wirksam. Hat diese jedoch einen großen Bereich und die Wirkung setzt sich mit verringerter Leistung bis zur Mitte der Knüppelstellung fort, dann kann sie als leicht zu justierende Steuerfunktion verwendet werden. Dies ist bei raschen Sinkflügen von Vorteil, wenn der Gebrauch der normalen Gasvorwahl zum Überdrehen des Motors beitragen kann. Die Wirkung ist ähnlich wie in Abb. 7.2 dargestellt.

Schwebeflug

Bei genau vorgeschriebenen Schwebeflugfiguren, wie in FAI-Wettbewerben, kann die Gasvorwahl dazu benutzt werden, die Empfindlichkeit des Pitch zu verringern, wodurch die Steuerung der Flughöhe des Modells vereinfacht wird. Ist mehr als ein Pitchbereich verfügbar, kann er zur weiteren Stabilisierung der Höhe benutzt werden.

Setzt man die Drossel so, daß die unterste Stellung einen recht langsamen Sinkflug be-

wirkt, dann wird es einfacher, das Modell in der Senkrechten zu steuern. Steht der niedrigste Pitch, sagen wir einmal, auf + 2° und der höchste Pitch so, daß das Modell eben gerade noch steigen kann, dann geschieht die Höhensteuerung fast automatisch.

Kunstflug

Hier ist die Gasvorwahl äußerst nützlich. Es gibt zahlreiche Situationen, in denen es notwendig ist, während des Kunstflugs negativen Pitch zu verwenden, wobei es wichtig ist, daß die Rotoren mit normaler Drehzahl angetrieben werden.

Bis zum Erscheinen der modernen Computeranlagen war er erforderlich, einen Kompromiß zu finden, wenn weniger Leistung erforderlich war hinunter bis zu dem Punkt, an dem die Blätter im negativen Pitch standen und mehr Leistung erforderlich war, wenn der Pitch negativ wurde (Abb. 7.5).

Zwar war ein solcher Kompromiß nicht ausgeschlossen, doch war es gar nicht so ungewöhnlich, daß der Motor manchmal überdrehte, wie beim senkrechten Flug nach einem Stall-Turn, usw.

Die tatsächliche Einstellung für eine bestimmte Flugfigur hängt stark vom Piloten und seiner Technik ab. Nehmen wir als Beispiel die Rolle. Es ist viel davon abhängig, ob der Drosselknüppel völlig gezogen ist, wenn sich das Modell gerade in der Rückenlage befindet, oder ob der Knüppel nur teilweise gezogen ist und

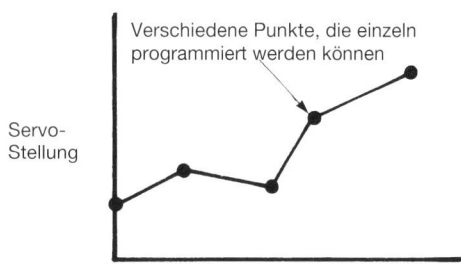

Abb. 7.4: Voll programmierbares System der Gasvorwahl

33

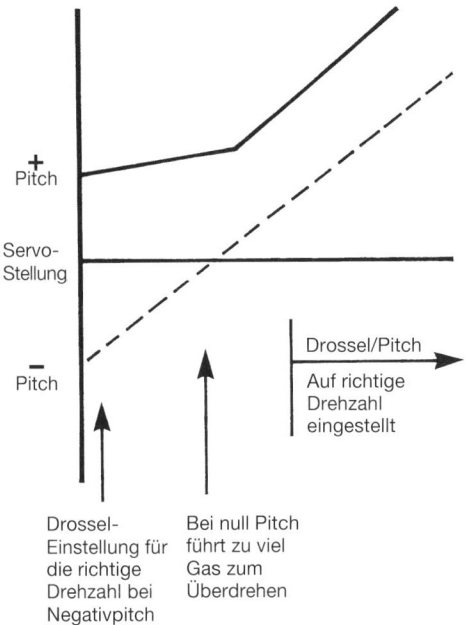

+
Pitch

Servo-
Stellung

−
Pitch

Drossel/Pitch

Auf richtige
Drehzahl
eingestellt

Drossel-
Einstellung für
die richtige
Drehzahl bei
Negativpitch

Bei null Pitch
führt zu viel
Gas zum
Überdrehen

Abb. 7.5: Auswirkung eines einfachen Gasvorwahl-Systems auf die Drehzahl des Rotors

das Modell durch die Rolle »geflogen« wird (Abb. 6.10). Die erste Art verlangt eine genaue Einstellung des negativen Pitch bei problemloser Drosseleinstellung. Die zweite erfordert einfach viel negativen Pitch, kann aber Probleme bei der Drosseleinstellung bereiten.

Sinkflug

Viele Piloten benutzen die Gasvorwahl als Hilfe, wenn das Modell sinkt und dabei vorwärts fliegt. Andere, wie der Autor, hören es lieber, wenn der Motor in eine geringere Drehzahl geht, und lassen das Modell in Halb-Autorotation sinken.

Beim ersten Weg kann es Schwierigkeiten geben, wenn es windig ist; es ist auch möglich, daß der Motor dadurch überdreht. Sie ist wirklich nur von Nutzen, wenn das Modell über nicht genügend negativen Pitch verfügt und ohne Motorhilfe nicht sinken kann.

Versucht man es mit geringer Motordrehzahl, dann muß man Vertrauen in seinen Motor haben und in seine Fähigkeit, rasch Gas anzunehmen, ohne stehenzubleiben. Wie bereits erwähnt, kann hier die Drosseltrimmung hilfreich sein.

Kapitel 8
Kreisel und Heckrotor

Der Heckrotor eines Hubschraubers hat zwei Aufgaben. Er wirkt dem Drehmoment des Hauptrotors entgegen – und verhindert so, daß sich das ganze Flugmodell in entgegengesetzter Richtung dreht – und er ermöglicht es, in beide Richtungen zu drehen, wie das Steuer ein Schiff. Dieser Vergleich ist nicht ganz richtig, weil das Steuer, um zu wirken, eine gewisse Vorwärtsbewegung voraussetzt, während der Heckrotor wirksam ist, auch wenn sich das Modell nicht bewegt.

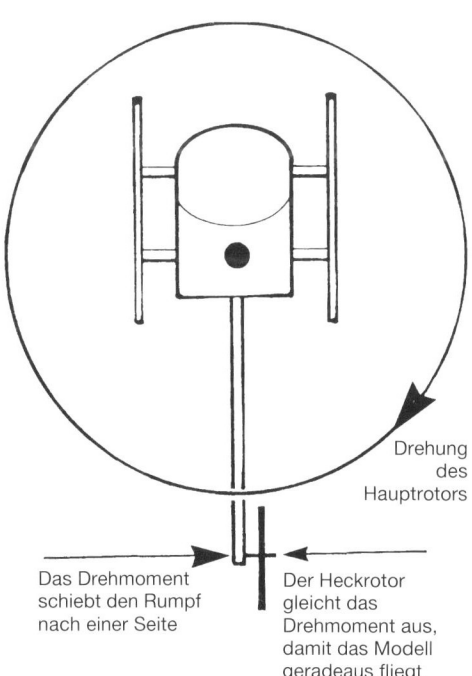

Das Drehmoment schiebt den Rumpf nach einer Seite

Der Heckrotor gleicht das Drehmoment aus, damit das Modell geradeaus fliegt

Drehung des Hauptrotors

Abb. 8.1: Der Heckrotor gleicht das Drehmoment aus

Jetzt muß auch einmal gesagt werden, daß unsere Modellhubschrauber ganz anders ausgelegt sind als ihre großen Vorbilder. Beim manntragenden Hubschrauber ist im Vorwärtsflug bei Reisegeschwindigkeit der Heckrotor völlig überflüssig. Dies wird aerodynamisch erreicht und die Steuerung für den Heckrotor (Fußpedale) steht in Mittelstellung. Beim Schwebeflug des Hubschraubers werden die Pedale nach einer Seite betätigt, um das Drehmoment auszugleichen.

Andererseits sind unsere Modelle so ausgelegt, daß die Heckrotorsteuerung beim Schwebeflug auf neutral steht und man im Vorwärtsflug das Heck nachtrimmt. Sorgfältige Konstruktion der modernen Modelle hat dieses Umtrimmen fast unnötig gemacht.

Einfach gesagt: Ein Modellhubschrauber ist ein Schwebeflugzeug, das vorwärtsfliegen kann; ein manntragender Hubschrauber ist ein vorwärtsfliegendes Flugzeug, das einen Schwebeflug ausführen kann.

Mehr oder weniger Wirkung

Beim Schwebeflug des Hubschraubers erzeugt der Heckrotor eine seitlich schiebende Kraft zum Ausgleich des Drehmomentes des Hauptrotors (Abb. 8.1). Es muß eine stärkere Kraft angewandt werden, um das Modell gegen das Drehmoment zu drehen (Abb. 8.2). Beim Drehen in Richtung der Wirkung des Drehmomentes wird weniger Kraft benötigt und das Drehmoment kann das Modell drehen (Abb. 8.3).

Daraus wird ersichtlich, daß der Heckrotor zum Drehen des Modells nicht nach links oder rechts wirksam ist. Er wirkt stets in gleicher

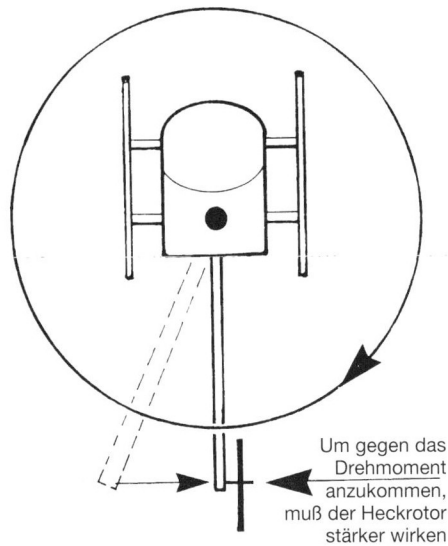

Abb. 8.2: Drehung entgegen dem Drehmoment

Richtung und die Wirkung wird durch Verstellung des Pitch am Heckrotor variiert. Keine Bewegung um die Hochachse ist also tatsächlich ein Balanceakt von zwei entgegengesetzt wirkenden Kräften. Abgesehen von außergewöhnlichen Umständen, ist der Heckrotor immer im positiven Pitch.

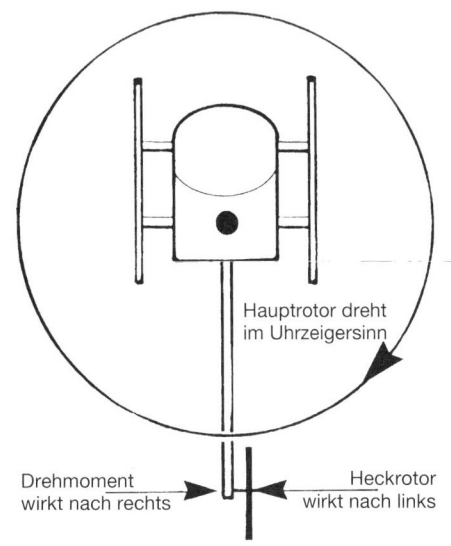

Abb. 8.3: Drehung mit dem Drehmoment

Man muß wissen, was positiver Pitch am Heckrotor bedeutet, um den Hubschrauber richtig einstellen zu können. Dreht sich der Hauptrotor von oben gesehen im Uhrzeigersinn, dann versucht der Rumpf, sich in Gegenrichtung zu drehen. Dies bedeutet, daß der Heckrotor nach links wirken muß, um ein Drehen des Modells

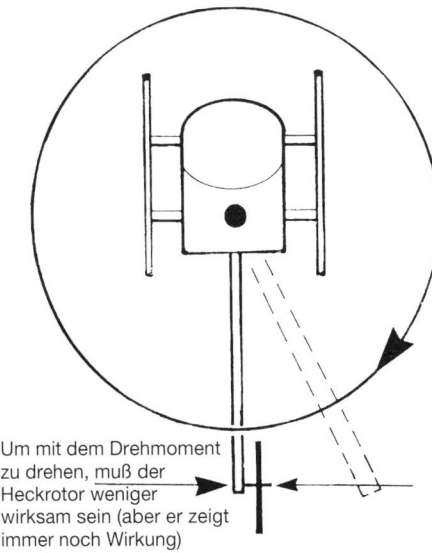

Abb. 8.4: Dreht der Hauptrotor im Uhrzeigersinn, wirkt der Heckrotor nach links

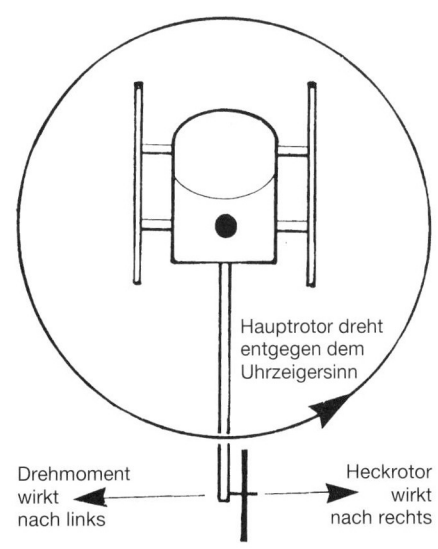

Abb. 8.5: Dreht der Hauptrotor entgegen dem Uhrzeigersinn, wirkt der Heckrotor nach rechts

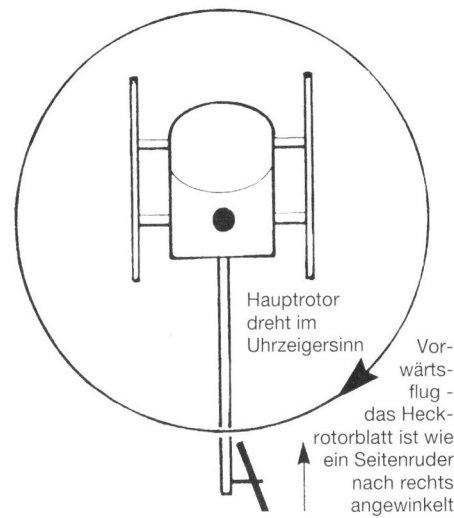

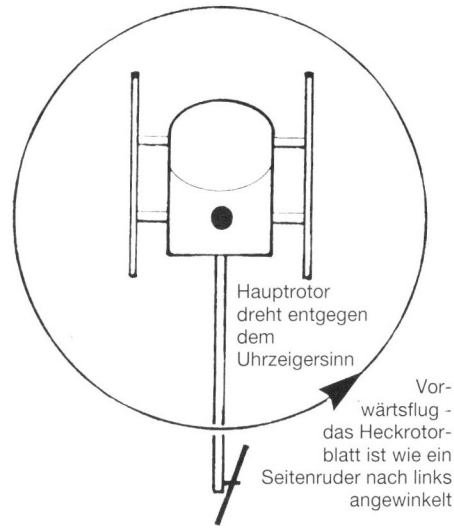

Abb. 8.6: Richtiger Heckrotor-Blattwinkel zum Ausgleich eines Hauptrotors, der sich im Uhrzeigersinn dreht

Abb. 8.7: Richtiger Heckrotor-Blattwinkel zum Ausgleich eines Hauptrotors, der sich entgegen dem Uhrzeigersinn dreht

zu verhindern (Abb. 8.4). Ein sich entgegen dem Uhrzeigersinn drehender Hauptrotor erfordert ein Wirken nach rechts (Abb. 8.5).

In beiden Fällen muß der Heckrotor so eingestellt werden, daß er in die richtige Richtung wirkt – gleich auf welcher Seite des Rumpfes er angebracht ist und in welche Richtung er sich dreht. Dies bedeutet, daß der *tatsächliche* Pitch am Heck von einer Anzahl von Faktoren abhängt und man nicht einfach von Links- oder Rechtspitch reden kann.

Glücklicherweise gibt es einen recht einfachen Weg festzustellen, wie die Blätter einzustellen sind, um den richtigen »positiven Pitch« zu haben. Beobachten Sie das Heckrotorblatt, das sich bei seiner normalen Drehung nach vorn bewegt (oder in Richtung Rumpfspitze). Normalerweise ist dies das untenliegende Blatt, aber nicht immer. Nachdem man bereits weiß, in welche Richtung das Heck bewegt werden muß, muß das Blatt *wie ein Seitenruder* in die richtige Richtung gedreht sein. Abbildung 8.6 zeigt wie es richtig ist, wenn sich der Hauptrotor im Uhrzeigersinn dreht. Abbildung 8.7 zeigt es, wenn sich der Hauptrotor entgegen dem Uhrzeigersinn dreht.

Der wirklich erforderliche Pitch für den Schwebeflug kann nur beim Fliegen ermittelt und entsprechend eingestellt werden. Die Be-

triebsanleitung für Ihr Modell zeigt gewöhnlich einen angenäherten Wert.

Ist der Pitch für den Heckrotor richtig eingestellt und gleicht das Drehmoment des Hauptro-

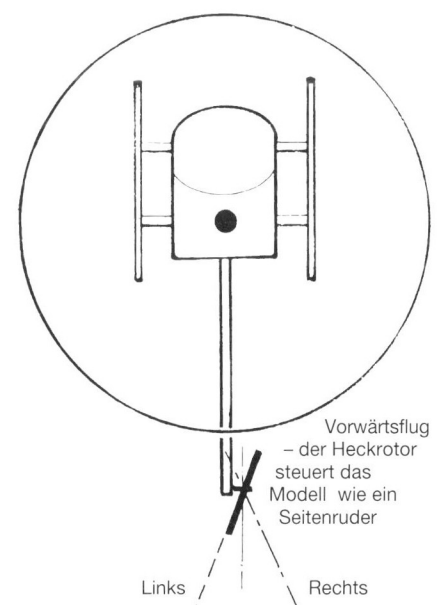

Abb. 8.8: Richtige Heckausschläge zur Steuerung

tors aus, so wenden wir die gleiche Methode an um festzustellen, ob das Servo den Heckrotorpitch richtig steuert. Auch hier wirkt das sich nach vorn bewegende Blatt wie ein Seitenruder (Abb. 8.8).

Mechanische und elektrische Empfindlichkeit

Wir haben bereits davon gesprochen, daß die Empfindlichkeit (oder Ruderwirkung) eines jeden Steuerbefehls durch mechanische Verstellung der Gestänge justiert werden kann. Bei modernen Geräten geschieht dies durch elektronische Justierung am Sender. Der Heckrotor macht davon keine Ausnahme, aber es wird komplizierter, wenn ein Heckkreisel hinzukommt. Heckrotorkreisel sind zwischen dem Empfänger und dem Servo für den Heckrotor und verändern den Senderbefehl so, daß jede ruckartige Bewegung des Hecks gedämpft wird.

Entgegen der Meinung vieler Modellflieger, verhindert der Heckkreisel nicht unerwünschte Heckausschläge. Er dämpft lediglich solche Bewegungen, oder verlangsamt sie, damit der Modellflieger besser damit fertig wird. Wenn die Kreiselwirkung zu stark ist (oder wenn er zu stark präzediert), dann wird das Heck rasch hin- und herpendeln.

Bei allen serienmäßig hergestellten Kreiseln gibt es eine Möglichkeit zur Justierung der Wirkung. Sie erfolgt auf verschiedene Art:
● Eine einfache am Kreisel angebrachte Justierung.
● Zwei getrennte Justierungen am Kreisel, die es möglich machen, zwei Wirkungsgrade einzustellen, die durch einen Schalter am Sender über einen besonderen Kanal ausgewählt werden können.
● Variable Einstellung der Wirkung vom Sender aus über einen Proportionalkanal. Gewöhnlich befindet sich am Kreisel eine Vorrichtung zum Einstellen der höchsten Wirkung, die vom Sender gesteuert werden kann.

Wir haben also nun die Situation, daß das Servo für den Heckrotor von zwei getrennten Quellen gesteuert wird, dem ankommenden Sendersignal und dem Heckkreisel. Jedes dieser Signale hat seine eigene elektronische Angleichung der Empfindlichkeit, die auch von der mechanischen Einstellung des Gestänges vom Servo zum Heckrotor beeinflußt wird.

Es gibt nun drei getrennte Variable, die das Heckservo ansteuern und es ist wichtig, daß sie untereinander für eine optimale Wirkung gut abgestimmt sind.

Ein möglicher Extremfall wäre, wenn alle Senderfunktionen in Maximalstellung stünden und aus dem Modell eine liebe, fügsame Maschine würde, indem man den Heckrotor-Pitchbereich mechanisch am Modell verringert. Dann hat der arme Kreisel, auf höchste Wirkung gestellt, einfach keine Möglichkeit, einwandfrei zu arbeiten.

Gehen wir in das andere Extrem. Dabei ist das Modell mechanisch so eingestellt, daß der Heck-Pitchbereich viel zu groß ist und dann elektronisch am Sender verringert wird. Jetzt hat der Kreisel viel zu viel Leistung und er läßt das Heck pendeln, bis die Wirkung auf beinahe null zurückgenommen und der Kreisel fast unwirksam ist.

Fassen wir das alles noch einmal zusammen. Die *Maximalwirkung* auf das Modell von Kreisel und Sender wird im Modell mechanisch eingestellt. Die Steuerbefehle des Senders können elektronisch verringert werden und dies hat *keinen* Einfluß auf die Wirkung des Kreisels. Gleichermaßen kann die Wirkung des Kreisels verringert werden und dies hat keine Wirkung auf die Steuerbefehle des Senders. Die Mischung aller Befehle von Sender und Kreisel ist ein reines Nebenprodukt und wird nicht unmittelbar eingestellt.

Nachdem Ihre Gedanken etwas geordnet sind, können wir nun *noch* eine Variable hinzufügen, allgemein als Drossel-/Heckrotormischung bekannt. Wir haben in einem vorangegangenen Kapitel festgestellt, daß viele erfahrene Modellflieger sie beim Kunstflug abschalten. Wird Ihnen jetzt der Grund dafür klar? Jetzt werden Sie fragen, wie denn nun ein Anfänger seinen nagelneuen Hubschrauber einstellen soll? Die einzige wirklich ehrliche Antwort lautet: Es ist schwierig. Die seriöse Antwort ist, daß er es nicht selbst macht, sondern jemanden sucht, der es für ihn erledigt. In der Bauanleitung findet man gewöhnlich Hinweise zum richtigen Pitchbereich am Heck. Dies gewährleistet, daß der Kreisel in ausreichendem Maße wirkt, und das ist im Augenblick wichtiger als die Wirkung des Steuerknüppels.

Grundsätzlich braucht der absolute Neuling ein *Minimum* an Heckrotorsteuerung bei einem *Maximum* an Kreiselwirkung, die das Modell verträgt, ohne daß das Heck pendelt. Bis man einiges Geschick entwickelt hat, wird beides nach den persönlichen Erfordernissen einzustellen sein.

Es müssen alle möglichen Variationen der Knüppel-, Kreisel- und Drossel-/Heckrotormischung durchgespielt werden, um sicher zu sein, daß der Heckrotor nicht über seine Grenzen hinaus gesteuert wird oder daß bestimmte Kombinationen nicht zu unzureichender Kontrolle über den Drehmomentausgleich des Hauptrotors führen können.

Bei der Prüfung der Richtung, in der der Kreisel wirkt (das heißt: Wirkt das Servo für den Heckrotor in die richtige Richtung, um jede seitliche Bewegung des Rumpfes zu verhindern?), stellt man zunächst einmal fest, in welcher Richtung das Servo auf einen Befehl reagiert. Nehmen wir an, daß eine Rechtsbewegung des Steuerknüppels das Servo im Uhrzeigersinn bewegt. Dreht man nun die Nase des Modells ruckartig nach *links*, dann muß das Servo im Uhrzeigersinn ausschlagen (Abb. 8.9).

Allgemein und zusammenfassend gesagt: Bewegt man die Nase des Modells in eine

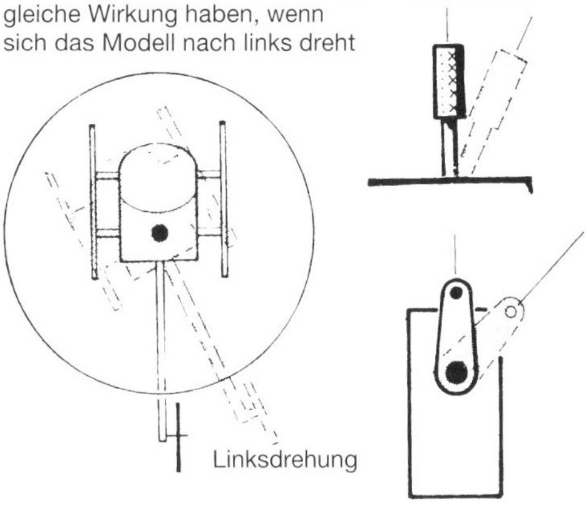

Wenn durch Seitenruder-Betätigung nach rechts das Servo normalerweise im Uhrzeigersinn ausschlägt, so soll der Kreisel die gleiche Wirkung haben, wenn sich das Modell nach links dreht

Steuerknüppel nach rechts

Linksdrehung

Abb. 8.9: Servoausschlag zum Kreiselausgleich

Richtung, dann soll dies über den Kreisel den gleichen Effekt am Heckservo auslösen, als ob man den Steuerknüppel in die *Gegenrichtung* bewegen würde.

Seitlich eingebaute Kreisel

Beim genauen Ansehen der Bilder von »Expertenmodellen« in Fachzeitschriften haben Sie vielleicht bemerkt, daß sie etwas über

Abb. 8.10: Typisches Heckrotor-Getriebe. Ein Winkelhebel betätigt einen Draht, der im Inneren der Antriebswelle verläuft. Für einwandfreien Betrieb ist gute Schmierung erforderlich.

Kreisel zu wissen scheinen, was wir alle nicht wissen.

In den meisten Anleitungen der Hersteller zum Einbau ihrer Geräte wird verlangt, daß die Rotationsachse des Kreisels *seitlich* im Modell liegen soll. Ein genaues Besehen der zuvor erwähnten Bilder wird gewöhnlich zeigen, daß die Motorachse längs der waagerechten Mittelachse des Modells liegt.

Die Theorie dabei ist, daß eine Rotationsachse des Kreisels entlang der Längsachse des Modells jede Störung des Heckrotors verhindert, wenn das Modell eine Rollbewegung ausführt. Bei einer seitlich im Modell liegenden Achse, wie es normalerweise geraten wird, könnte eine rollende Bewegung eine Kreiselaktion auslösen und damit einen nicht gewünschten Steuerbefehl geben.

Wenn Sie nicht gerade schöne langsame Rollen fliegen wollen, die einhundert Meter lang sind, brauchen Sie sich wirklich nicht den Kopf über die beiden Möglichkeiten des Einbaus Ihres Kreisels zu zerbrechen. Wählen Sie die für Sie bequemste Art. Wahrscheinlich gibt es auf der Welt gerade eine Handvoll Leute, die den Unterschied feststellen können.

Steuerknüppel-Priorität

Bei manchen Systemen verändert sich die Wirkung des Kreisels so, wie der Steuerknüppel aus seiner Neutralstellung bewegt wird.

Der Zweck ist gewöhnlich die Abschwächung des Kreiseleffekts bei raschem Drehen des Modells; es gibt aber auch andere Ausführungen. Wenigstens eine davon läßt den Kreiseleffekt asymmetrisch werden, womit er die Knüppelwirkung verstärken, aber nicht verringern kann. Diese Systeme sind Teil der Kreiselelektronik.

Einige Hersteller haben ein System, das vom Sender gesteuert wird und die Wirkung (über einen besonderen Kanal) bei einer bestimmten Stellung des Steuerknüppels verringert. Dies findet man gewöhnlich bei einem Kreisel mit zwei Wirkungsbereichen.

Ein möglicher Kompromiß ist ein gewöhnlicher Kreisel mit Exponentialbereich auf dem Sendekanal, der den Heckrotorpitch steuert. Dies ergäbe eine lineare (und mehr vorhersehbare) Steuerung des Kreisels mit stärker wirkender Hecksteuerung beim Betätigen des Knüppels.

Kapitel 9
Verschiebbare Taumel-scheiben und zyklische/ kollektive Pitchmischung

Immer mehr moderne Modelle haben irgendeine Art von verschiebbaren Taumelscheiben mit zyklischer/kollektiver Pitchmischung. Modelle mit beweglichen Taumelscheiben sind natürlich nicht neu, aber es scheint, daß ihre Vorzüge beim Einsatz moderner Funkfernsteuerungen deutlicher hervortreten. Das notwendige Mischen kann mechanisch erfolgen, elektronisch oder durch eine Mischung von beiden.

Um verständlich zu machen, was eine verschiebbare Taumelscheibe bedeutet, soll zunächst erklärt werden, wie eine verschiebbare Taumelscheibe arbeitet. In der einfachsten Art sind nur zwei Anlenkungen erforderlich (Abb. 9.1). Eine kippt die Taumelscheibe nach vorn/hinten und die andere in seitlicher Richtung. Das Zentrum der Taumelscheibe ist ein großes Kugellager, das fest auf der Hauptwelle sitzt. Manche Systeme haben mehr als zwei Anlenkungen, um die Taumelscheibe zu stabilisieren und zur besseren Steuerfähigkeit (Abb. 9.2). Man findet diese Anordnung normalerweise bei teureren Wettbewerbsmodellen.

Systeme mit drei und vier Anlenkungen

Soll sich eine Taumelscheibe bei der Pitchverstellung auf und ab bewegen und dabei auch die zyklischen Steuerbefehle einwandfrei an die Rotorblätter weitergeben, dann muß sie in jeder vorgegebenen Stellung fixiert werden können. Dies erfordert wenigstens drei Anlenkungen, oder Steueranschlüsse. Sie können im Winkel von 90° zueinander stehen (Abb. 9.3) oder 120° (Abb. 9.4).

Stehen sie 90° zueinander, so befindet sich normalerweise eine auf jeder Seite und eine vorne (oder hinten). Die seitlichen Anlenkungen bewegen sich zur zyklischen Querruder-Steuerung gegenläufig zueinander und die vordere Anlenkung bewegt sich zur zyklischen Höhenruder-Steuerung (Abb. 9.5). Alle drei bewegen sich zur kollektiven Steuerung gleichzeitig.

Natürlich gibt es keinen Grund dafür, nicht zwei Anlenkungen vorne und hinten zu haben, die sich zur Höhenruder-Steuerung entgegen-

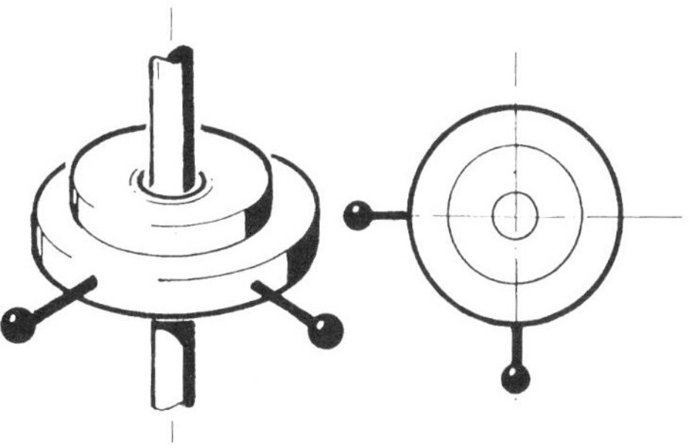

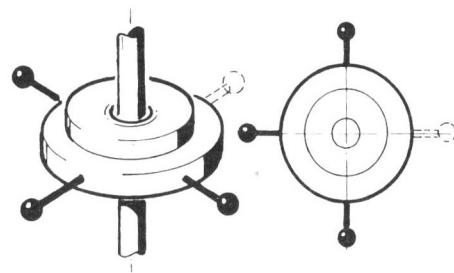

Abb. 9.1: Feste Taumelscheibe mit zwei Anlenkungen

Abb. 9.2: Feste Taumelscheibe mit drei oder vier Anlenkungen

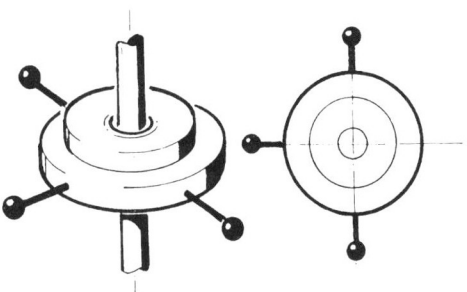

Abb. 9.3: Bewegliche Taumelscheibe mit drei Anlenkungen im Winkel von 90° zueinander

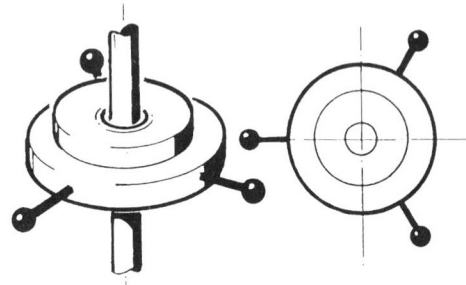

Abb. 9.4: Bewegliche Taumelscheibe mit drei Anlenkungen im Winkel von 120° zueinander

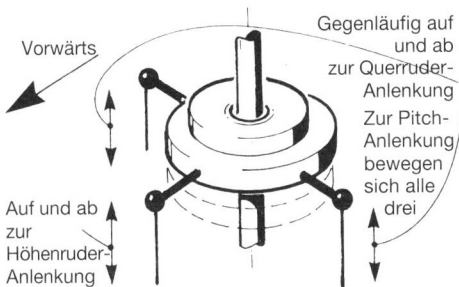

Vorwärts

Gegenläufig auf und ab zur Querruder-Anlenkung

Zur Pitch-Anlenkung bewegen sich alle drei

Auf und ab zur Höhenruder-Anlenkung

Abb. 9.5: Bewegung der Taumelscheibe mit drei Anlenkungen im Winkel von 90° zueinander

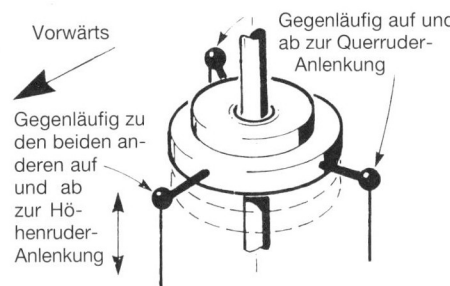

Vorwärts

Gegenläufig auf und ab zur Querruder-Anlenkung

Gegenläufig zu den beiden anderen auf und ab zur Höhenruder-Anlenkung

Abb. 9.6: Bewegung der Taumelscheibe mit drei Anlenkungen im Winkel von 120° zueinander

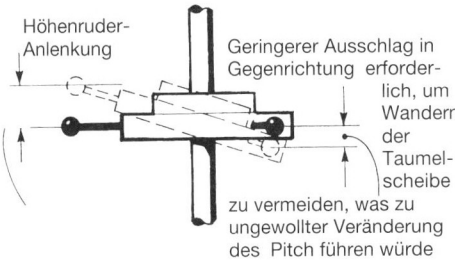

Höhenruder-Anlenkung

Geringerer Ausschlag in Gegenrichtung erforderlich, um Wandern der Taumelscheibe zu vermeiden, was zu ungewollter Veränderung des Pitch führen würde

Abb. 9.7: Bei 120°-Anlenkungen ist eine besondere Mischung erforderlich

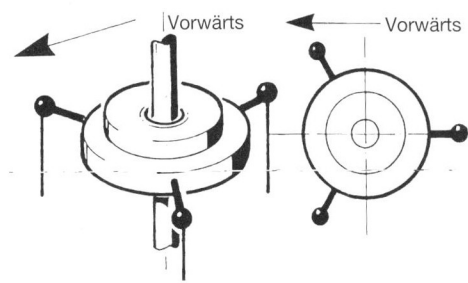

Vorwärts   Vorwärts

Abb. 9.8: Variation des 120°-Systems

gesetzt bewegen und eine einzelne Anlenkung auf einer Seite zur Querruder-Steuerung. Dem Autor ist aber kein Modell mit einem solchen System bekannt.

Es gibt zwei mögliche Anordnungen, wenn die Anlenkungen 120° zueinander stehen. Eine (Abb. 9.6) hat eine Anlenkung vorne und eine auf jeder Seite, ähnlich dem 90°-System; aber die seitlichen befinden sich etwas weiter hinten. Die tatsächliche Anlenkung ist bei diesem System etwas schwieriger, weil die zyklischen Steuerbefehle nicht völlig getrennt werden können.

Wenn beispielsweise die vordere Anlenkung zur Höhensteuerung auf und ab bewegt wird, bewegt sich die ganze Taumelscheibe auf und ab, es sei denn, die beiden seitlichen Anlenkungen werden zum Ausgleich in geringerem Maße gegenläufig bewegt (Abb. 9.7). Die beiden seitlichen Anlenkungen wirken dabei immer noch zur Querruder-Steuerung, wie zuvor.

Nochmals: Die gleiche Anlenkung kann mit dem einzelnen Anschluß hinten und den beiden seitlichen etwas nach vorne versetzt ausgeführt sein (Abb. 9.8).

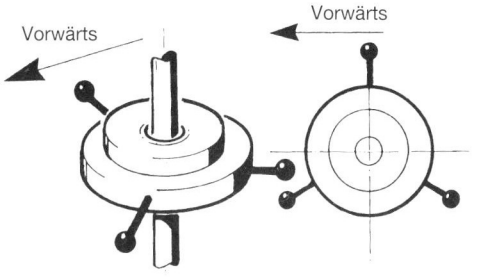

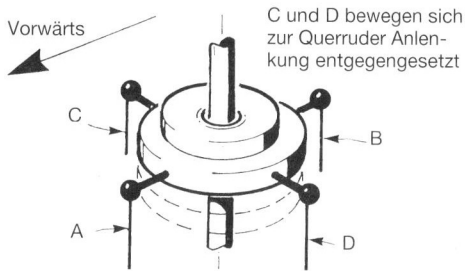

Abb. 9.9: 120°- System mit zwei
Höhenruderanlenkungen

Abb. 9.10: Bewegliche Taumelscheibe mit vier
Anlenkungen im Winkel von 90°

Abbildung 9.9 zeigt eine andere Abart dieser besonderen Möglichkeit. Dabei steuert die einzelne seitliche Anlenkung das Querruder mit etwas entgegenwirkendem Ausgleich durch die beiden anderen. Dabei bewegen sich die vordere und hintere Anlenkung entgegengesetzt zueinander zur Höhensteuerung. Die letzte Variante stabilisiert die Taumelscheibe sogar besser.

Vier Anlenkungen stehen im Winkel von 90° zueinander (Abb. 9.10). Dabei wird um beide Achsen durch ein Paar Anlenkungen gesteuert, die sich entgegengesetzt bewegen. Alle vier bewegen sich zur kollektiven Steuerung gemeinsam.

Die Art, wie diese Bewegungen der Taumelscheibe auf die Blätter übertragen werden, ist von Modell zu Modell verschieden. Sie soll uns hier nicht beschäftigen. Grundsätzlich sind folgende Punkte zu beachten:
1) Die feste Taumelscheibe neigt sich in die Richtung, in die sich der Hubschrauber bewegen soll. Die kollektive Pitch-Steuerung geschieht auf andere Weise.
2) Die bewegliche Taumelscheibe hat zwei Funktionen. Sie neigt sich in die Richtung, in die der Hubschrauber sich bewegen soll, und sie bewegt sich auf und ab, um die Höhe des Hubschraubers zu steuern.

Mechanisch oder elektronisch?

Es gibt viele Möglichkeiten, eine bewegliche Taumelscheibe über die drei betreffenden Fern-lenkfunktionen zu steuern - Querruder, Höhenruder und Pitch. Bis vor kurzer Zeit erfolgte dies alles mechanisch, wobei das gesamte Mischen durch irgendwelche mechanische Mischer erfolgte. Durch immer weiter ausgeklügelte Funkfernsteueranlagen mit verschiedenen Mischmöglichkeiten am Sender sind einige der bestehenden Systeme vereinfacht und ist der Weg für komplexere Systeme geebnet worden. So wäre beispielsweise das 120°-Taumelscheiben-System, wie oben beschrieben, mechanisch gar nicht zu verwirklichen. Auch die Einstellung solcher Systeme ist viel einfacher geworden.

Abbildung 9.12 zeigt das mechanische System, wie es bei vielen *Morley*-Flugmodellen zur Anwendung kommt. Jeder Steuerbefehl wirkt über ein völlig eigenes Servo, wodurch Justierungen recht einfach vorgenommen werden können. Zwar ist etwas gegenseitige Beeinflussung nicht zu vermeiden, aber eine sorgfältige Ausführung kann sie auf ein Minimum verringern. Es handelt sich hier um ein 90°-System

Ein anderes mechanisches System findet man bei den verschiedenen Ausführungen der *Heim*-Mechanik. Obwohl es sich um ein System mit drei 90°-Anlenkungen handelt, werden nur die beiden seitlichen Anlenkungen benutzt, um die Taumelscheibe zur Pitchsteuerung zu heben oder zu senken (Abb. 9.15). Das bedeutet, daß nur diese beiden Steuerimpulse mechanisch gemischt werden müssen. Dies erfolgt normalerweise durch Mischung über ein kippendes Servo (Abb. 9.16).

Die Methode *Heim* kann sehr leicht in ein elektronisches Hybridsystem abgeändert wer-

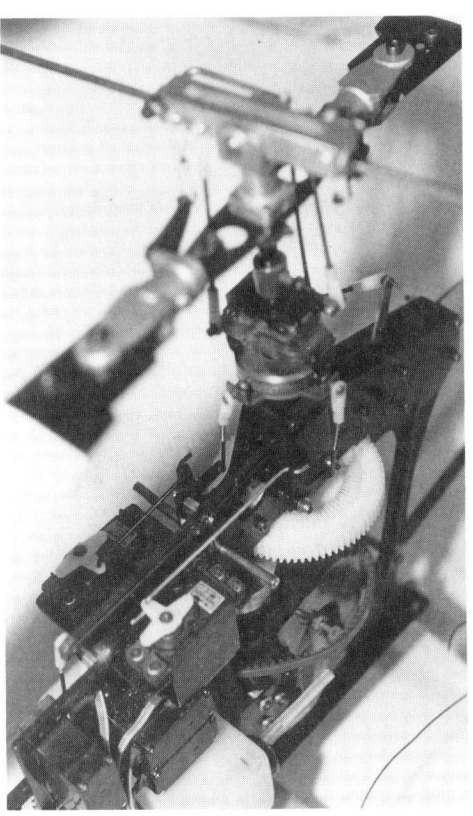

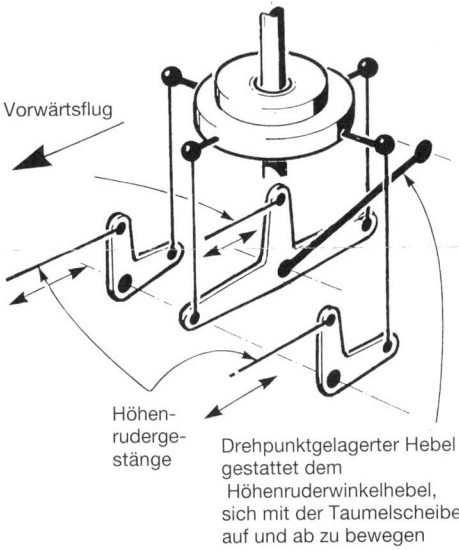

Vorwärtsflug

Höhen-
rudergestänge

Drehpunktgelagerter Hebel
gestattet dem
Höhenruderwinkelhebel,
sich mit der Taumelscheibe
auf und ab zu bewegen

*Abb. 9.12: Mechanisches Morley-Mischsystem
für die bewegliche Taumelscheibe*

den, indem man den mechanischen Mischer
durch einen elektronischen ersetzt, wie er her-
kömmlich bei Modellen mit V-Leitwerk benutzt wird. Dabei werden die Steuerimpulse für
Querruder und Pitch (nennen wir sie A und B)

*Abb. 9.11: Bei diesem System mit fester
Taumelscheibe und zwei Anlenkungen stehen
in der Stellung Schwebeflug alle Gestänge
waagrecht oder im Winkel von 90°.*

*Abb. 9.13: Ein Kalt-Longranger-Rumpf mit
Heim-Mechanik. Gute Leistungen trotz einem
Gewicht von 5,445 kg.*

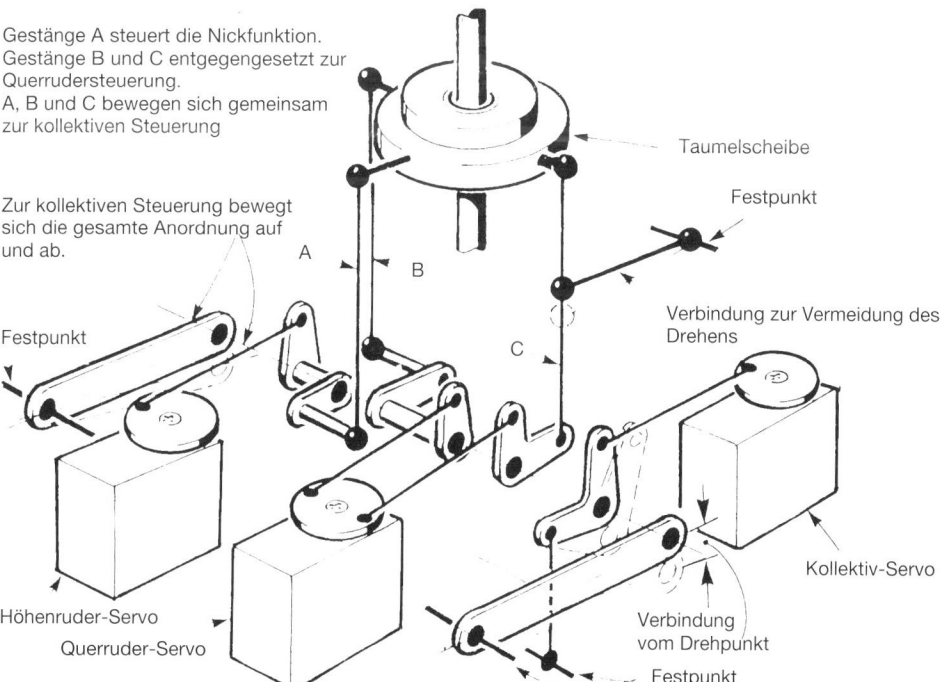

Abb. 9.14: Typisches System bei Verwendung eines Servos für Drossel- und Pitchbetätigung, wenn erforderlich.

Gestänge A steuert die Nickfunktion.
Gestänge B und C entgegengesetzt zur Querrudersteuerung.
A, B und C bewegen sich gemeinsam zur kollektiven Steuerung

Zur kollektiven Steuerung bewegt sich die gesamte Anordnung auf und ab.

Taumelscheibe

Festpunkt

Festpunkt

A

B

C

Verbindung zur Vermeidung des Drehens

Kollektiv-Servo

Höhenruder-Servo

Querruder-Servo

Verbindung vom Drehpunkt

Festpunkt

Abb. 9.15: Mechanisches Heim-Mischer-System für bewegliche Taumelscheibe

45

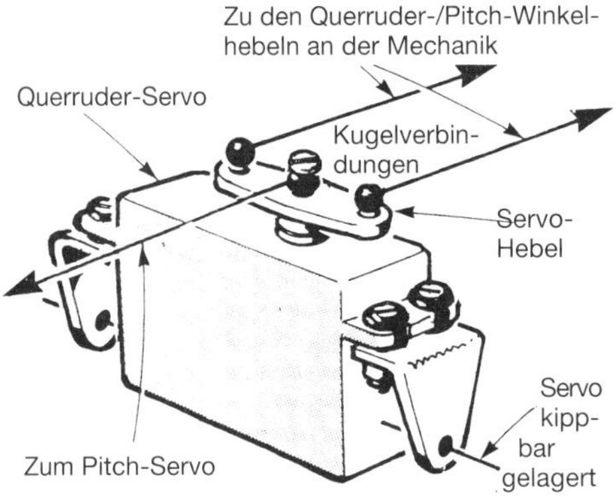

Querruder-Servo

Zu den Querruder-/Pitch-Winkel-
hebeln an der Mechanik

Kugelverbin-
dungen

Servo-
Hebel

Servo
kipp-
bar
gelagert

Zum Pitch-Servo

Abb. 9.16: Mischung beim Heim-System durch kippbares Servo

vom Empfänger in eine elektronische Schaltung eingespeist, die beide mischt und zwei Befehle weitergibt. Einer davon ist die Summe der beiden Steuerbefehle (A + B) und der andere ist die Differenz (A - B) (Abb. 9.17).

Bei dieser Methode gibt es ein Problem. Die elektronischen Mischer verringern gewöhnlich den Endausschlag des Servos, um ein Überdrehen zu vermeiden, wenn die beiden Steuerimpulse addiert werden. Hier sind lange Servohebel die einzige Lösung.

Bei den modernen vollelektronischen Systemen ist die gesamte Schaltung im Sender und

jede Anlenkung der Taumelscheibe (3 oder 4) ein besonderes Servo. Für beste Ergebnisse sollten sich diese unterhalb der Taumelscheibe befinden und mit einem kurzen und direkten Gestänge mit ihr verbunden sein (Abb. 9.18).

Diese Anordnung hat viele Vorteile. Zahlreiche Verbindungen früherer Konstruktionen fallen weg, ebenso wie Umlenkungen oder Hebel. Sie ist deshalb leichter und kompakter. Es wird aber sicher notwendig sein, lange Servoarme zu verwenden, um ausreichende Ausschläge zu bekommen und diese verstärken im gewissen Grad jede Unzulänglichkeit des Servos.

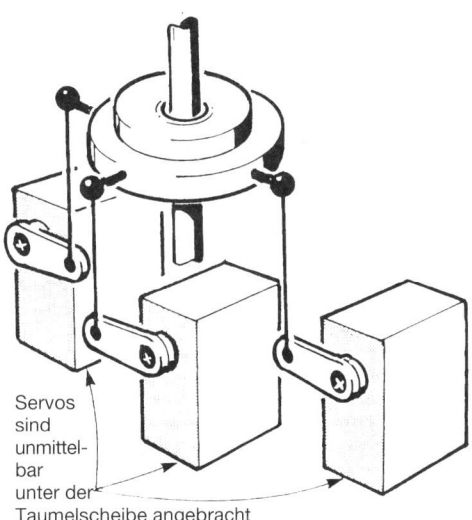

Servos
sind
unmittel-
bar
unter der
Taumelscheibe angebracht

Abb. 9.18: Elektronisches System zur zyklischen/kollektiven Blattverstellung mit direkter Anlenkung der Taumelscheibe

Grenzen

Bei den elektronischen Mischsystemen gibt es gewisse Grenzen. Früher litten sie darunter, daß die Vergrößerung des Ausschlags bei einem der gemischten Steuerbefehle automatisch den anderen verringerte. Wenn der Pitch beispielsweise mit dem Querruder-Kanal gemischt wurde, wurde der Ruderweg beim Pitch durch eine Vergrößerung desjenigen für das Querruder verringert.

Bei den neuesten Geräten gibt es diese Probleme nicht mehr. Trotzdem muß man beim

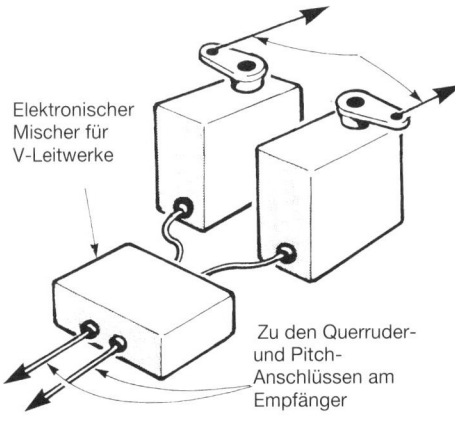

Zu den Querruder-/Pitch-Winkel-
hebeln an der Mechanik

Elektronischer
Mischer für
V-Leitwerke

Zu den Querruder-
und Pitch-
Anschlüssen am
Empfänger

Abb. 9.17: Heim-System mit elektronischem Mischer

Abb. 9.19: Robbe Avantgarde mit Heim-Mechanik. Sie hat als Teil der Befestigung eine große Wärmesenke. Ein Ventilator saugt an der Wärmesenke vorbei Luft an. Motor 9,96 ccm, Gesamtgewicht 4,195 kg.

Mischen von zwei Kanälen vorsichtig sein. Im obengenannten Beispiel könnte ein voller Querruder-Ausschlag *und* gleichzeitig ein voller Ausschlag beim Pitch das Servo sehr wohl über seinen normalen Ausschlag hinaustreiben. Das kann zu einer nicht linearen Anlenkung führen oder sogar zu gegenseitiger Störung der Steuerung.

In diesem Fall ist der Ausschlag der beiden gemischten Servos über die Ausschlagjustierung zu verringern. Es werden dann nötigenfalls längere Servoarme erforderlich. Man soll stets

daran denken, daß es nichts umsonst gibt. Irgendwie muß also ein Haken dabei sein. Es gibt eine unüberwindbare Grenze beim möglichen Ausschlag eines jeden Servos. Wird sie überschritten, gibt es anderswo Schwierigkeiten.

Der Vorteil des elektronischen Mischens bei modernen Funkfernsteueranlagen ist, daß *alles* justiert werden kann und man mit Geduld für alles die optimale Einstellung findet. Selbstverständlich sind solche Anlagen nichts für den absoluten Neuling, den weniger Betuchten oder auch den Kleinmütigen!

Kapitel 10
Schwebeflug und Kunstflug

Nehmen wir an, es steht eine vollausge-
stattete Funkfernsteueranlage für Hubschrauber zur Verfügung. Sie hat verschiedene Pitchkurven, Servoverstellungen und
einen Kreisel mit zwei Wirkungsgraden, die
vom Sender gesteuert werden. Dazu folgt hier
eine Zusammenfassung der verschiedenen
Einstellungen, die für F3C-FAI-Wettbewerbe
erforderlich sind.

Start und Normalflug

Drossel: Voller Bereich von Vollgas (auf) bis
Stillstand (zu). Im unteren Bereich
auf den erforderlichen Leerlauf durch
Drosseltrimmung eingestellt.

Pitch: Ungefähr - 3° (hoch) bis + 7° (nied-
rig). + 4° bis + 5° bei Mittelstellung
des Drossel-Steuerknüppels. Wahl-
schalter für Pitchkurve, falls vorhanden, auf Normalstellung (N).

Zyklisch: Einstellen, daß ausreichende Steu-
ermöglichkeit im Normalflug gege-
ben ist. Steuerweg-Schalter auf »groß«
oder »klein«, nach Belieben.

Heck: Wie zyklisch.

Kreisel: Auf hohen Wirkungsgrad stellen.

Drossel-Heckrotor-Mischung:
So einstellen, daß kein Heckpendeln
bei starkem Steig- oder Sinkflug auf-
tritt.

Schwebeflug

Drossel: Von Vollgas (offen) bis Schwebe-
flug-Leistung (wenig geöffnet). Die
ideale Einstellung sollte im gesamten Pitchbereich gleichbleibende
Drehzahl ergeben. Es kann erforderlich sein, die Vollgaseinstellung (auf)
zu begrenzen, um dies zu erreichen.

Pitch: Von etwas unterhalb der normalen
Höchsteinstellung bis hinunter auf
Null oder etwas positiv. Mittelstel-
lung wie beim Normalflug. Pitch-
Kurven-Auswahlschalter auf Stel-
lung »Idle-up 1« (Gasvorwahl).

Zyklisch: Kleinstmöglich für ausreichende Steu-
ermöglichkeit. Wegeschalter in Stel-
lung »klein«.

Heck: Wie zyklisch.

Kreisel: Auf höchstmögliche Wirkung stellen, ohne daß das Heck pendelt.

Drossel-Heckrotor-Mischung:
So einstellen, daß das Heck nicht
pendelt.

Kunstflug

Drossel: Wie beim Schwebeflug, aber Vollgas muß möglich sein.

Pitch: Maximum bis zum höchstmöglichen
Wert, ohne daß beim Vorwärtsflug

die Drehzahl sinkt. Beim senkrechten Steigflug ist ein geringer Verlust annehmbar. Minimum der eigenen Kunstflugtechnik angepaßt,– gewöhnlich - 2° bis - 3°. Mittelstellung wie für Normalflug. Pitchkurven-Auswahlschalter auf Stellung »Idle-Up 2« (Gasvorwahl).

Zyklisch: Ausreichende Ausschläge, wie sie für Rollen und Loopings erforderlich sind. Wegeschalter auf »groß«.

Heck: Möglichst große Ausschläge für die hochgezogene Kehrtkurve und den Hohen Hut. Ist ein Steuerweg-Schalter vorhanden und gut zugänglich, kann er für diese Flugfiguren auf »groß« und für alle anderen auf »klein« gestellt werden.

Kreisel: Auf geringe Empfindlichkeit einstellen.

Drossel-Heckrotor-Mischung:
Nach Möglichkeit abschalten.

Autorotation

Drossel: Im Training auf schwachen Leerlauf stellen. Beim Wettbewerb Motor abschalten. Drossel-Autorotation-Schalter »an«.

Pitch: Größtmöglicher Bereich von maximal positiv (hoch) bis zuwenigstens - 3° oder - 5° bis - 6°, auf den Erfahrenswert. Mittelstellung wie beim Normalflug.

Zyklisch: Wegeschalter in Stellung »groß«

Heck: Nicht wirksam

Kreisel: Nicht wirksam

Drossel-Heckrotor-Mischung:
Nicht wirksam

Es ist zu beachten, daß die Mittelstellung des Pitchbereichs in allen Fällen und in allen Stellungen des Pitchkurven-Wahlschalters gleichbleibt. Wenn es erforderlich ist, die Stellung des Pitchkurven-Wahlschalters im Flug zu ändern, so erfolgt dies normalerweise wenn der Drosselknüppel etwa in Mittelstellung steht. Gibt es dabei Abweichungen, so führt dies zu unerwünschten Flughöhenänderungen, wenn der Schalter betätigt wird. So wird auch gewährleistet, daß das Gefühl für das Modell an diesem kritischen Punkt nicht verlorengeht.

Manche Modellflieger können den Schalter für die Kreiselempfindlichkeit während des Fluges je nach Flugfigur verstellen. Auch mit den Ruderweg-Schaltern geschieht dies manchmal. Falls die Funktionen »Schwebeflug-Pitch« und »Schwebeflug-Drossel« vorhanden sind, kann man auch diese während des Fluges betätigen.

Das hängt aber alles sehr stark von dem einzelnen Piloten und seinem Können ab. Manche verstehen es, alle Möglichkeiten ihres Geräts voll zu nutzen, während andere ein Unglück herausfordern,wenn sie mehr als die Grundsteuerarten im Flug nutzen wollen. Das muß aber jeder für sich entscheiden.

Kapitel 11
Rückenflug

Ein Hubschraubermodell im Rückenflug zu fliegen ist schon ein Kunststück. Es gelingt ohne eine besondere Funkfernsteueranlage. Gewöhnlich bedient man sich aber eines Schalters am Sender, der die Steuerbefehle Pitch, Nickfunktion und Heckrotor umgekehrt wirken läßt. Das Modell reagiert unverändert und die Steuerfunktionen sind so, als ob sich das Modell im Normalflug befände.

Verschiedene Methoden

Nachdem gesagt worden ist, daß Rückenflug ohne besondere Funkfernsteueranlage möglich sei, hätte man das besser zuvor erklären sollen. Dazu muß man das Modell mit starkem Negativpitch einstellen (ungefähr wie der normale Positivpitch; sagen wir einmal - 7°) und die Gasvorwahl so, daß für alle Pitcheinstellungen sich die gleiche Rotordrehzahl ergibt. Nun *zieht* man den Drossel/Pitch-Knüppel zum Steigen und *drückt* ihn zum Sinken. Die Höhen- und Seitenruder-Steuerbefehle wirken entgegengesetzt, wie bei einem Flächenflugmodell im Rückenflug.

Wer große Erfahrung im Rückenflug mit Flächenmodellen hat, wird möglicherweise dies als den logischeren Weg ansehen, das Problem anzugehen. Wenigstens eine Art von Funkfernsteuerungen jedoch macht es möglich, nur den Pitch-Kanal umzudrehen, wenn der »Rückenflugschalter« betätigt wird. Der Verfasser hat es versucht, da er eine ganze Menge seiner Flächenmodell-Zeit im Rückenflug zugebracht hat. Bei ihm klappte es mit der herkömmlichen Methode am besten.

Anders als man möglicherweise irgendwo über die Auswirkung des Rückenflugs auf den Kreisel und die Drossel-Heckrotor-Mischung gelesen hat, arbeiten diese normal und müssen nicht ausgeschaltet werden. Jawohl, beide Systeme arbeiten jetzt im entgegengesetzten Sinn, so aber auch der umgedrehte Seitensteuer-Befehl *und der ganze Hubschrauber*.

Es scheint also auf der Hand zu liegen, ist aber ganz wesentlich, daß man den Rückenflugschalter falls erforderlich findet und betätigt (oder in blinder Panik!). Bei den meisten Anlagen scheint diese Vorrichtung etwas abseits angebracht zu sein. Recht sinnvoll, um irrtümliche Betätigung zu vermeiden. Deshalb sollte man seinen Gebrauch üben, wenn er unwirksam ist. Alle Geräte haben irgendeine Möglichkeit, den Schalter außer Betrieb zu setzen.

Dieses Abschalten ist offensichtlich eine Sicherheitsmaßnahme, birgt aber ein Problem in sich. Es ist erforderlich, über eine wählbare Neutralstellung zwischen den Pitchbereichen im Normal- und Rückenflug zu verfügen. Ist der Schalter außer Betrieb, dann fällt gewöhnlich die wählbare Neutralstellung weg und der *gesamte Pitchbereich ändert sich*. Das bedeutet, daß der Schalter stets betriebsbereit sein muß, wenn das Modell einmal für den Rückenflug eingestellt worden ist. Dies gilt für alle Anlagen, die vor den modernen Computer-Anlagen auf den Markt gekommen sind. Diese haben gewöhnlich eine völlig getrennte Einstellung des Pitch-Bereichs für den Rückenflug.

Falls die Betätigung des Schalters Schwierigkeiten macht, mag es notwendig erscheinen, ihn zu verlegen. Allerdings ist dann Vorsicht geboten, daß er nicht versehentlich betätigt wird. Viele Sender haben den Schalter auf der gleichen Gehäuseseite wie den Drosselknüppel. Dies scheint keine gute Lösung zu sein, da dieser Knüppel beim Übergang in den Rückenflug betätigt wird. Soll der Schalter aber verlegt werden, dann keinesfalls an eine Stelle, die einem im Zusammenhang mit einer anderen Funktion vertraut ist. Ein Mißgriff wäre katastrophal!

Pitcheinstellung

Viele »Fachleute« werden sagen, daß für den Rückenflug weniger Pitch erforderlich ist als für den Normalflug. Dies wird gewöhnlich mündlich weiterverbreitet, da bisher kaum etwas darüber geschrieben worden ist. Zurückblickend sollte es deutlich geworden sein, daß dies nicht zutrifft. Der Drosselbereich bleibt im Rückenflug unverändert und weniger Pitch würde unverkennbar zum Überdrehen des Motors führen. Tatsächlich muß der Pitchbereich für den Rückenflug ein Spiegelbild des Bereichs für den Normalflug sein.

Die Einstellungen der verschiedenen Gestänge müssen für den Rückenflug etwas anders sein. Statt die Pitchmechanik so einzustellen, daß alle Mischerarme usw. in der Stellung Schwebeflug waagerecht stehen (Abb. 6.7.), sollten sie nun in dieser Stellung sein, wenn die Blätter auf 0° stehen.

Die Gestänge sollten nun so eingestellt werden, daß der normale Pitchbereich zur Verfügung steht, wenn der Rückenflugschalter in Normal- oder Aus-Stellung ist (Abb. 11.2). Wird der Schalter auf »Rückenflug« oder »Ein« gesteckt, dann muß der Pitchbereich genau dem Normalbereich entgegengesetzt sein (Abb. 11.3). In anderen Worten: wenn der Normalbereich − 3° bis + 7° war, sollte er nun + 3° bis − 7° sein. Befand sich das Modell bei + 4,5° im Schwebeflug mit dem Drosselknüppel in Mittelstellung seines Bereichs, so sollte diese Stellung nun − 4,5° ergeben (Abb. 11.4).

Selbstverständlich ist dies eine allgemeine Regel, die nur ungefähr die richtige Einstellung angibt. Es ist nun erforderlich, das Modell zu fliegen, um alles genau einzustellen. Wie ein-

Abb. 11.1: Kalt Omega-Mechanik in einem Jetstream-Rumpf. Ein voll kunstflugtaugliches Modell für FAI-Wettbewerbe. Zu beachten sind der getunte Auspuff und die sehr gute Zugänglichkeit.

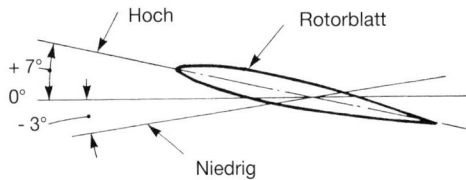

Abb. 11.2: Normaler Pitchbereich beim Modell im Normalflug

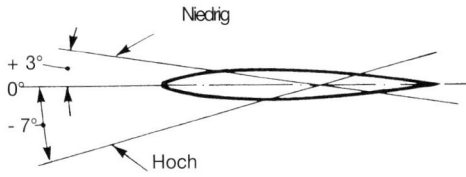

Abb. 11.3: Pitchbereich beim Modell im Rückenflug

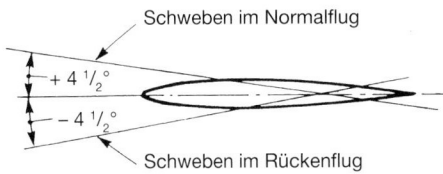

Abb. 11.4 Der Pitchwinkel im Schwebeflug ist beim Normal- und Rückenflug gleich

fach dies ist, kann von der vorhandenen Funk-fernsteuer-Anlage abhängen. Bei einigen früheren Anlagen hat eine besondere Trimmung sowohl die Pitchbereiche für den Normalflug wie für den Rückenflug eingestellt. Dies bedeutet, eine ganz Menge Kompromisse waren notwendig, um in beiden Fluglagen optimale Ergebnisse zu erzielen.

In der Praxis bedeutet dies, daß man einen Steigflug in große Höhe macht, wo man eine halbe Rolle fliegt. Nun wird der Schalter betätigt und die Wirkung beobachtet.

Ist es möglich, im *Schwebeflug* eine halbe Rolle zu fliegen, dann ist alles in Ordnung. Dies verringert die Auswirkungen irgendeines Um-trimmens beim Vorwärtsflug auf dem Rücken auf ein Minimum. Im Zweifelsfall wird der Schalter nochmals betätigt und zurückgerollt. Man muß sich gut merken, was geschieht, um die notwendigen Korrekturen vornehmen zu können.

Wenn alles einigermaßen zufriedenstellend eingestellt ist, hängt der Rest vom Mut und der natürlichen Begabung des Piloten ab.

Es ist ratsam, das Modell einige Zeit in großer Höhe umherzufliegen, um sich daran zu gewöhnen, daß es sich normal verhält, trotz seinem Aussehen.

Die Beanspruchung des Modells ist dabei beachtlich. Man muß sich vergewissern, daß sich das Modell in einem guten Zustand befindet und gut gewartet ist. Das beste Servo, das man sich leisten kann, gehört auf den Pitch-Kanal.

Kapitel 12
Programmierbare Sender

Noch bis in die jüngste Zeit wurden alle justierbaren Funktionen eines typischen Funkfernsteuersenders durch Potentiometer bewirkt (oder durch Stellwiderstände). Sie wurden mit einem Schraubenzieher (manchmal auch mit einem besonderen Schlüssel) so eingestellt, daß die gewünschte Wirkung eintrat. Das erforderte peinlich genaue Einstellung, und wenn etwas verstellt worden war, war es schwierig, genau die vorherige Einstellung wiederzufinden.

Da Sender für Hubschrauber immer mehr Funktionen bekamen, benötigten sie mehr und mehr »Trimmer«, wie sie gewöhnlich genannt wurden. Irgendwann war dann einfach nicht genügend Platz vorhanden, alle erforderlichen unterzubringen.

Eine kurzlebige Lösung war die Unterbringung aller Trimmer in einem Ansteckmodul. So wurde den verschiedenen Modellen durch verschiedene Ansteckmodule Rechnung getragen. Durch Austausch der Verbindungen waren auch verschiedene Arten von Flugmodellen (z. B. Hubschrauber oder Flächenmodelle) zu steuern.

Eine andere Möglichkeit waren integrierte Schaltkreise mit eingebautem Speicher und integrierter Batterie zur Stromversorgung. Diese Schaltkreise waren in ansteckbaren »Softmodulen« untergebracht. In diesem Fall wurde die Stellung der verschiedenen Trimmer zusätzlich zu den Informationen für ein bestimmtes Flugmodell gespeichert.

In allen Fällen waren aber der Anzahl der Möglichkeiten Grenzen gesetzt. Glücklicherweise standen dann Mikroprozessoren in geeigneter Art dafür zur Verfügung. So bekamen die »programmierbaren«. Sender Auftrieb. Bei ihnen ist der Himmel die Grenze und wir befinden uns jetzt in einer Situation, bei der Modellflieger durch die Auswahlmöglichkeiten verwöhnt und wahrscheinlich auch sehr verunsichert werden!

Verschiedene Muster und ihre Verwendung

Alle programmierbaren Sender zeigen auf irgendeine Weise an, welche Funktion gerade eingestellt wird und den Wert dieser Einstellung. Dies geschieht jetzt stets durch ein Flüssigkristall-Display (LCD). Die Vorteile sind der geringe Stromverbrauch und ihre gute Erkennbarkeit in hellem Sonnenlicht.

Der Ruderweg eines jeden Kanals wird in Prozenten des normalen Servoausschlags gezeigt. »Normal« heißt hier der Ausschlag, den die Servos eines Herstellers haben, wenn sie mit einer nicht programmierbaren Anlage betrieben werden. So schlägt beispielsweise ein Servo 60° bis 90° aus. Dies ist möglicherweise etwas verwirrend, weil programmierbare Anlagen gewöhnlich den Ausschlag auf 125 % bis 150 % des Normalen vergrößern können, während bei früheren Anlagen der »Normalausschlag« der höchstzulässige ist.

Um es noch schwieriger zu machen: Der Schalter für die Funktionswirkung kann ebenfalls den Ausschlag vergrößern. Man muß aufpassen, weil es einen Höchstausschlag des Servos gibt und dieser geringer sein kann als der, welcher programmiert werden kann, wenn man alle Einstellungen auf ihren Höchstwert bringt.

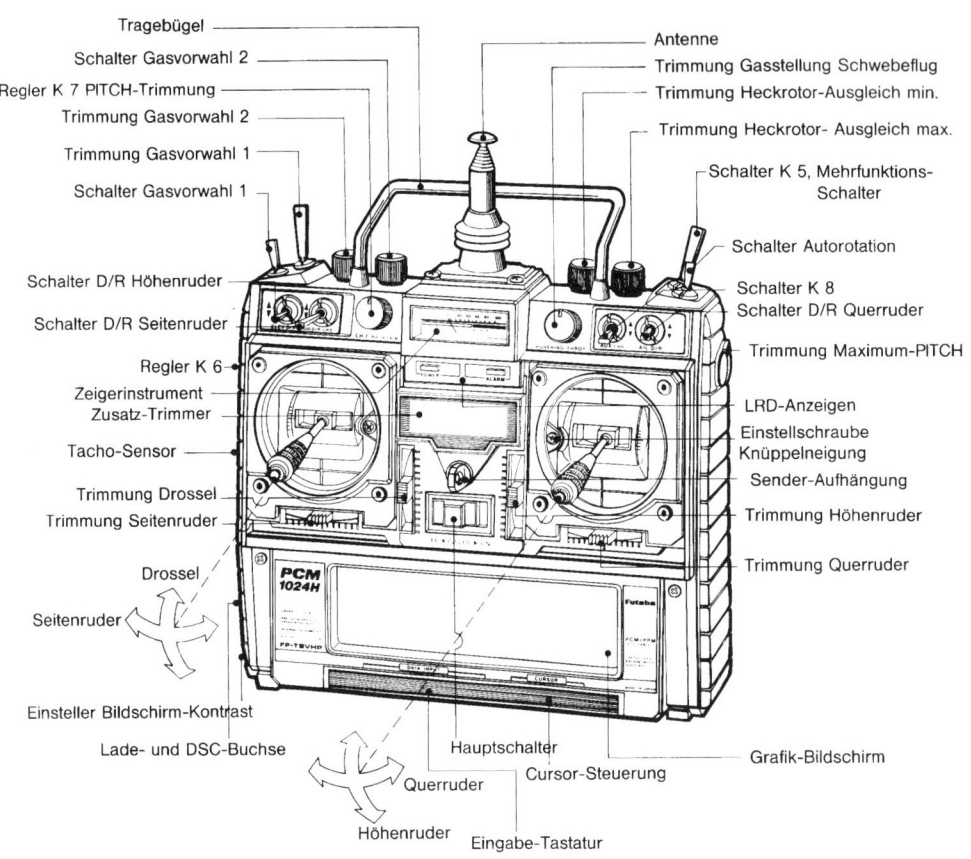

Tragebügel

Schalter Gasvorwahl 2

Regler K 7 PITCH-Trimmung

Trimmung Gasvorwahl 2

Trimmung Gasvorwahl 1

Schalter Gasvorwahl 1

Schalter D/R Höhenruder

Schalter D/R Seitenruder

Regler K 6

Zeigerinstrument
Zusatz-Trimmer

Tacho-Sensor

Trimmung Drossel

Trimmung Seitenruder

Drossel

Seitenruder

Einsteller Bildschirm-Kontrast

Lade- und DSC-Buchse

Querruder

Höhenruder

Antenne

Trimmung Gasstellung Schwebeflug

Trimmung Heckrotor-Ausgleich min.

Trimmung Heckrotor- Ausgleich max.

Schalter K 5, Mehrfunktions-
Schalter

Schalter Autorotation

Schalter K 8

Schalter D/R Querruder

Trimmung Maximum-PITCH

LRD-Anzeigen

Einstellschraube
Knüppelneigung

Sender-Aufhängung

Trimmung Höhenruder

Trimmung Querruder

Hauptschalter

Cursor-Steuerung

Grafik-Bildschirm

Eingabe-Tastatur

PCM
1024H

FP-T9VHP

Futaba

Abb. 12.1: Bei einer modernen Funkfernsteuerung sind viele Justierungen möglich. Dies ist der Sender für das Futaba-PCM 1024-Hubschrauber-System. Er ist computerisiert und programmierbar (Abbildung Futaba).

Ein Beispiel dafür ist eine Anlage, bei der der Ausschlag auf 150 % gesetzt werden kann und der Funktionswirkungsschalter auf 125 %. Sind beide auf ihren Höchstwert gesetzt, so könnte man 187,5 % erwarten (1,50 x 1,25 = 1,875), es sind aber nur höchstens 150 % verfügbar.

Diese Situation kann sich auch ergeben, wenn die Kanalmischung angewandt wird. Das betreffende Gerät hat verschiedene zyklisch/kollektive Pitch-Mischsysteme, die Pitch- und Querruderkanal mischen. Der Maximalausschlag des Pitchkanals beträgt 150 %. Der Querruderkanal kann auf 187,5 % gesetzt werden. Werden die Kanäle gemischt, könnte *anscheinend* eines der betroffenen Servos auf 337,5 % seines

Normalausschlags gebracht werden (150 % + 187,5 %). Das ist fast eine ganze Umdrehung des Servos! Da sich das Servo aber tatsächlich nur um 150 % des Normalen drehen kann, wird die Wirkung auf dramatische Art nicht mehr linear sein und es werden sich die beiden gemischten Kanäle gegenseitig stören.

Drossel- und Pitchbereiche werden recht unterschiedlich behandelt. Wenigstens eine Anlage verwendet nun LCD zur graphischen Darstellung des Ausschlags (gewöhnlich Pitch- oder Drosselkurve genannt). Verschiedene Punkte der Darstellung können einzeln programmiert werden und man kann eine schrittweise oder kurvenförmige Wirkung erzielen. Ein anderes

System zeigt die Stellung des Servos durch Zahlen an, die den tatsächlichen Ausschlag angeben.

Dieses System ist allen früheren überlegen, weil man jeden Wert ändern, aber *genau* auf ihn zurückkommen kann, falls es erforderlich ist. Diese Präzision bedeutet auch, daß eine wesentlich genauere Einstellung aller Funktionen möglich ist.

Das in diesen Sendern vorhandene LCD wird immer noch aufwendiger und kann immer mehr Informationen geben. Ein Fabrikat hat sogar ein Säulendiagramm aller Kanäle, an dem man die Richtung der Ausschläge und Mischmöglichkeiten auf eine Blick erkennen kann.

Im Speicher sind programmiert:
Drehrichtung der Servos, Art der Anpassung, Muster des Modells, Art der zyklischen/kollektiven Pitch-Mischsysteme, usw.

Mehr als ein Modell

Wenn wir nun zu den ohnehin beachtlichen Vorteilen eines programmierbaren Senders auch noch die Möglichkeit erwähnen, alle erforderlichen Werte für den Betrieb mehrerer verschiedener Modelle zu speichern, dann erkennt man eine Reihe von Vorteilen für den engagierten Wettbewerbsflieger, der vielleicht mehrere Modelle besitzt.

Diese Möglichkeit nutzt man, indem man jedem Modell (und Programm) eine Nummer gibt, die bei Bedarf abgerufen werden kann. Bei manchen Anlagen kann man den Namen des Modells eingeben und er erscheint auf der Anzeige, wenn dieses Modell eingesetzt wird. Die Wahl ruft selbständig alle Werte dieses Modells ab, wodurch keinerlei Änderungen erforderlich sind.

Fallstricke

Bei einer programmierbaren Anlage sind bestimmte Grundregeln zu beachten, wenn mehr als ein Modell eingesetzt wird:

● Es ist empfehlenswert, die Nummer des Programms eines bestimmten Modells an diesem anzubringen.

● Niemals auf das Gedächtnis verlassen.

● Vor dem Start (oder sogar vor dem Anlassen des Motors) sich überzeugen, daß der Sender für das richtige Modell programmiert ist. Wird die Servo-Umkehr eingesetzt, kann ein Irrtum verheerende Folgen haben.

● Die meisten programmierbaren Sender haben hohen Stromverbrauch und kurzlebige Batterien. Regelmäßig laden!

Kapitel 13
Was man tut und was nicht

Zum Schluß folgt eine Aufzählung von Dingen, die man tun sollte oder läßt. Ist etwas nicht erwähnt, dann ist es nicht wichtig – oder ich habe es vergessen.

Was man tun sollte

Von Erfahrenen helfen lassen, wenn es möglich ist.

Beim Einbau von Servos Gummitüllen verwenden.

Sich überzeugen, daß die Servos nicht zu sehr festgeschraubt sind, damit die Vibration etwas gedämpft werden kann.

Prüfen, daß alle Servos frei bis zum Endausschlag laufen können.

Dafür sorgen, daß alle Gestänge gesichert sind.

Einstellbare Gabel- oder Kugelanschlüsse dürfen sich nicht verstellen können und dabei die Einstellung verändern.

Das Modell sicher in Arbeitshöhe befestigen, um den Motor bei Vollgas einstellen zu können, oder den Motor vor dem Einbau in das Modell auf einem Prüfstand einstellen.

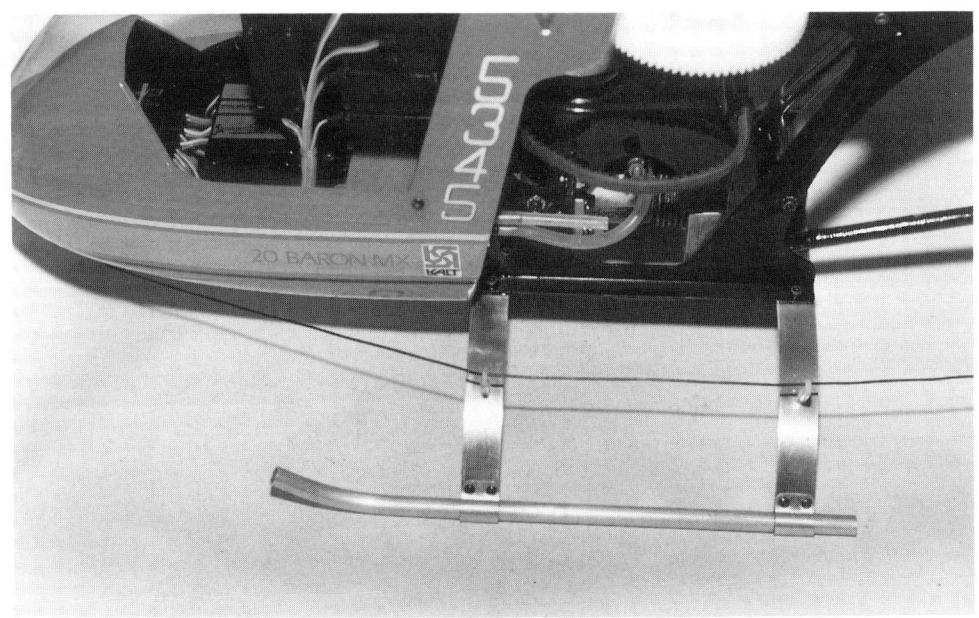

Abb. 13.1: Ein Weg, die Antenne zu verlegen. Zur Beachtung: Die Antenne liegt fast gerade und führt durch Kunststoff-Halter an den Kufenstreben.

Abb. 13.2: Dieses Bild zeigt, wie verhältnismäßig einfach ein Rotorkopf mit Permanentpitch ist.

Wenigstens *etwas* Rizinusöl dem Kraftstoff zusetzen.

Kraftstoff vor dem Gebrauch filtern. Vorzugsweise mehr als einmal.

Zu Beginn stehen alle Gestänge in der Schwebeflugeinstellung 90° zueinander und alle Mischhebel stehen waagrecht.

Zum Lernen eingeschränkten Pitchbereich wählen und ihn vorsichtig vergrößern, wenn die Erfahrung wächst.

Eine Pitch-Lehre anschaffen und sie regelmäßig zur Prüfung der Pitcheinstellung verwenden. Notizen machen, um alles, falls erforderlich, wieder einstellen zu können, insbesondere nach Reparaturen.

Alle Möglichkeiten der Funkfernsteuerung nutzen lernen, ob es wenige oder viele sind. Prüfen, daß die Heckrotorsteuerung in die richtige Richtung wirkt.

Prüfen, daß der Kreisel im Verhältnis zur Heckrotorsteuerung in die richtige Richtung wirkt. Vergewissern, daß die automatische Heckstabilisierung in richtiger Richtung wirkt.

Sicherstellen, daß das Heckrotorservo unter

Abb. 13.3: An dieser Pitch-Lehre von GMP kann man den Pitchwert unmittelbar ablesen.

57

Abb. 13.4: Der Hirobo-Boeing-Vertol Sea Knight kam 1988 auf den Markt. Er hat nur einen 5,23-ccm-Motor zum Antrieb der beiden Rotoren von 990 mm Durchmesser.

Abb. 13.5: Der Rotorkopf des sehr kompakten Sea Knight verwendet viele Einzelteile des Hirobo-Shuttle. Der Dreiblatt-Kopf ist wahlweise für den Shuttle erhältlich.

den gemeinsamen Steuersignalen von Seitenruder, automatischer Heckstabilisierung und Kreisel nicht zu weit ausschlägt und dabei blockiert.

Falls gemischt wird prüfen, daß die Servos nicht über ihren normalen Ausschlag hinausgeführt werden und so eine nicht-lineare Ansteuerung erfolgt oder sie sich gegenseitig stören. Besonders bei elektronischen Mischsystemen vorsichtig sein.

Falls ein Schalter am Sender schwer zugänglich oder schlecht plaziert ist, verlegen – aber mit großer Umsicht dabei vorgehen.

Bei einem programmierbaren Sender sicherstellen, daß man mit ihm vertraut ist. Verschiedene Einstellungen auf dem Tisch üben um zu erfahren, was er kann und was nicht.

Wenn verschiedene Fachleute völlig verschiedene Ansichten zu Fragen des Hubschrauberfliegens vertreten, glaube beiden nicht, sondern finde es mit der nötigen Vorsicht selbst heraus.

Denke stets daran, daß Modellhubschrauber gefährlich sind. Noch einmal – suche die Hilfe erfahrener Leute.

Was man nicht tun sollte

Alles alleine machen, es sei denn es gibt wirklich keinen anderen Weg.

Servos mit Servo-Klebeband befestigen. Bei Kreisel oder Batteriepacks geht es eher, aber bei Batterien nur mit einer zusätzlichen Befestigung.

Kompromisse bei Gestängen. Vergewissern, daß sie gesichert sind.

Die Antenne um andere Leiter wickeln. Stattdessen abseits davon verlegen.

Sich unter das Modell legen oder es über dem Kopf halten, um das Vollgas einzustellen.

Einen Filter in das Modell einbauen.

Mit Motor oder der Funkfernsteuerung spielen, wenn man sie noch nicht kennt.

Erwarten, daß der Kreisel eine schlechte Heckrotorsteuerung ausgleicht.

Beschädigte oder ausgebesserte Rotorblätter verwenden.

Etwas als gegeben hinnehmen. Man prüft und prüft nochmals.

Eine teure Funkfernsteueranlage kaufen, die man nicht versteht, nur um jemandem zu imponieren und weil Karlchen Balsastaub auch eine hat.

Versuchen zu laufen, bevor man gehen kann.

Denken, daß ein teueres und kompliziertes Modell einen zu einem besseren Piloten macht. Es reißt nur tiefere und teure Löcher.

Vor den Problemen beim Fliegenlernen zu kapitulieren. Alle mußten hindurch und es ist möglich und einfach, wenn man weiß wie.

Das war es nun. Die Technik des Einstellens von Hubschraubern ist bei weitem keine exakte Wissenschaft, und wir alle lernen immer noch. Man darf niemals glauben, daß man selbst, oder ein anderer, alles weiß.